请你拾起最素朴的、最简单的快乐，

顺应时间的河流，慢慢朝前走。

你不必非要活成玫瑰

张其姝 / 著

新世界出版社
NEW WORLD PRESS

*

*

我们为什么还要把自己活成玫瑰花，争奇斗艳，
然后等着被王子采摘？

我们可以不好看的，狼狈一点儿也没有关系，
别再把自己定义为玫瑰了，那样会被束缚，也会被支配。

将打造和维持魅力的时间拿来厮杀吧，
野心挂在脸上，欲望写在眼里，野蛮，坚韧，粗糙而有力量。
怕什么，手持利刃战斗的人，跌倒了也值得骄傲。

*

*

大概每个花季少女都曾经和这样一个假想敌咬牙切齿地较过劲，
觉得自己的青春灰扑扑的，
只有长大了才明白，这其实是对美的一个误解。

真正让你变美的，是你对美的认知，
只要真正理解了每个年龄段的风采，
爱上每个年龄段的自己，那就无需任何化妆品。

*

*

前任也曾是对的人，
是你的青春，是你的社交圈，也是你的恋爱教材，
哪怕有可能是反面教材，但也会助你奔向更好的人。

你过得幸福也好，落魄也罢，
总会在生活的碎片里，恍惚想起过去，
而那个人，就是那段过去的点睛之笔。

*

*

夜深人静的时候，你不禁沉默了：
只有我的生活过得这么惨吗？
哦，好像是的。
即使你心里有一万个不乐意， 还得干下去，
只是被焦虑、嫉妒、茫然和愤怒折磨得郁郁寡欢。

放轻松，你没有落后，也没有领先，
在命运为你安排的属于自己的时区里，一切都准时。
哪怕你现在两手空空也不要着急，面包总会有的。

*

*

钱能让人快乐，但让人快乐的不只是钱，

如果想通这点，很多不必要的烦恼和计较都可以被减免了。

富有富的活法，穷有穷的智慧，

前者不必骄矜，后者也不必抑郁和恐慌。

在钱财上不富有，

但并不妨碍他们追求精神世界的丰饶。

前言

——

小半生

时间是有限额的。

十八九岁的时候，永远觉得来日方长，没有写完的作业、没有喝到的奶茶，甚至是没有爱到的人，都好像还有机会，因为明天就在路上，最不值钱的就是时间。

等过了小半生，不用谁来提点，时间突然变得矜贵，每分每秒都有着具象的安排，但仍是不够：方案还等着修改，脏衣服已经搁了两天，过期的面包忘了扔……好不容易缓口气，发现还有微信消息显示未读。

我们不得不重新审视和盘点自己，就像清理库存，得估摸着手头的时间，把精力花在刀刃上。

从前过日子，是一页一页撕日历，别看那些痛苦和调笑都很用力，其实都是没心没肺。现在呢，是实实在在的年轮从身上碾过，每调动一次情绪，当真在伤筋动骨。

对女孩来说，尤其如此。

时间从眉梢眼角爬到心上，看不到，但能感知到，如同鲜花的保质期。

总有那么一个不经意的时刻，你会发现淡淡的眼纹，出现在镜子里。它并不值得讨厌，但难免叫人恻然，因为它泄露了时间的端倪，提醒你今时不同往日。

就像一朵干枯的玫瑰，玫瑰依然是玫瑰，但你知道，新鲜的颜色和浓郁的芬芳都已经是往事了。

所以，对年岁渐长的女生来说，你我面临的困境或舒适，与过往都是不同的。

不喜欢热闹了。从前共谁，都是促膝把酒，倾通宵不够，灯红酒绿的夜晚，总有人来人往的应酬。现在却兴味索然，觉得再多勾肩搭背的欢笑，都只是酒杯里的泡沫，喝到嘴里，咂不出半点甘苦，哪有情味可言？还是安静好，独处最自在，哪怕邀约朋友，也求好不求多。

也不喜欢较劲了。年轻时，谁都是活得咬牙切齿，双手捧着欲

*

*

丧并不是单纯的心情不好，而是在你原本热血沸腾，
却硬生生被冷却以后，只剩下无力感。

人生海海，每个人都有各自的皎洁和不幸，
在遭遇生活的低谷时，有谁不是在一边“丧无止境”地抱怨着，
一边又义无反顾地热爱生活！

*

*

幻想光明是没有用的，
唯一的出路是认识阴影，然后一步步走出阴影。

试着去爱全部的自己吧，不必急着否定缺陷，
那不是一成不变的疤，它可以痊愈，
也可以是毫无意义的印记。

你很好，依然值得被爱，值得世上所有的美好。

望，踩着泥泞，遥遥看着头顶的月亮。现在却学着释怀了，看得到有人住高楼，也看得到有人在地沟、有人一身锈。被欲望推着走，这条路是漫长无尽头的，与其去追浮光掠影，不如去捕捉你真正所爱与所需，以及那些美而无用的浪漫。

更喜欢随心所欲。当少女，似乎格外小心和胆怯，有长辈的期许，有师友的三令五申，还有大姐姐们的光芒万丈，你被严严实实地裹挟着。现在却懂得做自己了，像扔掉钢圈内衣那样，丢开很多不必要的束缚，躺平也好，内卷也好，不再被外界的声音带着走，不负责讨好任何人了。

还更喜欢宽容和健忘。过去，爱和恨都太费力气，不肯轻易原谅，以为世间事都是非黑即白，固执地要判个对错，曾经多少次声嘶力竭过呀。现在却开始佛系了，一次次地说算了，不想多做纠缠，不愿意轻易撕破脸面，也不忍心细数彼此的苦衷。因为知道，那都是生活留下的疤，纵然那道疤不在自己身上，但自己身上又何尝没有过伤害？

所以，对年岁渐长的女生来说，我们要放弃一些东西，再拾起一些东西。

放弃那些不必要的焦虑，放弃那些华而不实的期待和目标，放弃那些沉甸甸的虚荣，也放弃那些仅仅从你生命中路过的人。

然后，请你拾起最素朴的、最简单的快乐。

不，这不是颓靡，只是不愿意再与自己交战，不愿意和生活好似不共戴天，更愿意顺应时间的河流，慢慢朝前走。

只是放松了。

对容貌的焦虑，对爱情的患得患失，对金钱的渴望，还有对自我的苛责……这些都太沉了。在过去的小半生里，我们一直背负着这些包袱，赤脚奔跑，还试图姿态体面，一遍遍告诉自己要优雅、要从容。

真正的优雅从容，要从卸下心理包袱开始。

*

*

重新开始并不容易，也无法保证比从前更好，

但它是一份向死而生的信念，

是一种及时止损的生活态度，是一个留给自己改头换面的机会。

都说人生没有回头路，

但我们是有赛道可以替换的，跑错了道，走偏了方向，

一定要及时更改，

否则歧路走到底，只会与幸福和快乐越来越远。

*

*

有时候，我们是陷在困境里的人，
被负面情绪包裹着，低落，无助，但不要绝望，
要始终相信迷雾之后会有光。

有时候，需要我们做那个伸出援手的人，
路过旁人的苦难，你同情，共鸣，也请不要袖手旁观，
毕竟你的微末之力，是旁人毕生的暖。

目录

1 PART ONE

美貌只是快速消费品

004 你不必非要活成玫瑰

010 我自有长眉妙目，哪怕瑕疵难免却也特色独具

017 爱艺术品，做实用品

024 美得不费力，才算高级

031 最好的化妆品是年龄

038 美而无用，那就等同于不美

045 不去迎合任何人的审美，就能收获外貌自由

2 PART TWO 爱情最好是月亮

054 那个人是错的，但那段关系是最美好的曾经

060 不是所有的爱情都纯粹，掺杂了欲望的爱情也是爱情

066 月光不会奔你而来

073 我爱你是真的，不爱你也是真的

079 遇上爱的时候，我们偏偏对爱一知半解

086 恨也算另一种形式的索赔

092 倘若问心有愧，还是不要莽撞地冲进新怀抱

3 PART THREE

成年人的体面不仅仅是钱

102 欲望都是漂亮的

109 养成与自己挣钱能力相匹配的习惯和欲望

116 毕竟，面子其实是奢侈品

123 不要着急，面包会有的

130 没有六便士，我们也可以抬头仰望月亮

137 别给自己画饼了，先和面吧

144 谈感情可以，谈钱不行

4

PART FOUR

生活是自己的，不需要演给任何人看

154　不要复制别人，会粘贴失败

161　我们普通人有时候也需要打造一个独属的人设

168　原来努力不是万能的

175　记得你也曾发誓要做了不起的人

181　从对比中生出忧患也是常态，不要被落差感打败

187　我只想把喜怒悲欢都用在值得的人身上

5 PART FIVE

接受自己的不完美，就是真正的完美

196 爱上不完美的自己

202 善忘是最好的安眠药

209 你要有勇气重启

216 绝对意义上的完美是不存在的

222 要始终相信迷雾之后会有光

228 让自己舒服才是高情商

PART

ONE

1

美貌只是
快速消费品

*

就像前往罗马的路，四面通达，

可女孩们往往盯着那条捷径，

殊不知，捷径里有险境，

而那些看似险峻的路，越过去，就是坦途。

美貌仿佛一种天赋。

有人擅长运动，有人擅长写作，有人擅长交际，也有人擅长美。她们仗着天生的好皮囊，恃美而行，招摇过市，以明眸皓齿过日子，在嫣然之间，让柴米油盐增色。

谁不爱这份活色生香呢？撩秀发，便是香风扑面；点红妆，便是笑靥如花。她们似乎格外会用五官说话，眉有情，嗔有意，低头里也藏着玄机，任谁见了，眼里心里都要怦然。她若皱眉头，连愁苦都是好看的，不必自己开口，自有人要为她奋不顾身，博美人欢喜。

看，美貌这种天赋是如此实用，它和才华一样，都能带来巨大的名利，都可当作称手的谋生工具。它甚至有过之而无不及，因为才华还需要验证，倘或运气不佳，便是明珠蒙尘，别说扬名，恐怕养活自己都成问题，只得穷酸两字。即便侥幸撞上伯乐，沉浮半生，博个后世清名，细品来，也处处是艰辛。

还是美貌更直观，一眼望过去，目眩神迷，直截了当地俘获人心，要什么便利没有？情爱、地位、钱财、鲜花……所有原本需要辛苦筹谋的东西，有了美貌，就唾手可得。

但美貌真的万能吗？

不，不可过分依赖美貌呀。仔细盘点，又有谁真正做到了以美貌获益终身？哪怕是靠脸吃饭的女明星，也是一茬换一茬。再怎么好看的皮囊，也无法成为长远的傍身之技，信任它，不如信任你的脑子或你的双手，虽然收益慢些，却更稳妥些，也更长久些。

这就像前往罗马的路，四面通达，可女孩们往往盯着那条捷径，殊不知，捷径里有险境，而那些看似险峻的路，越过去，就是坦途。

你不必非要活成玫瑰

*

*

我们为什么还要把自己活成玫瑰花，争奇斗艳，
然后等着被王子采摘？

我们可以不好看的，狼狈一点儿也没有关系，
别再把自己定义为玫瑰了，那样会被束缚，也会被支配。

将打造和维持魅力的时间拿来厮杀吧，
野心挂在脸上，欲望写在眼里，野蛮，坚韧，粗糙而有力量。
怕什么，手持利刃战斗的人，跌倒了也值得骄傲。

小时候读童话，最喜欢睡美人的故事：娇艳的小公主，因为误碰了纺锤，从此沉睡不醒，连同她的王国，一起被诅咒封存。后来，玫瑰花长出来，包裹了整个城堡，也阻断了闻讯前来的救援者，直到某个王子出现，他穿过荆棘丛，到达小公主身边，唤醒她，然后爱上她。

从前，我会把这个故事当爱情，现在看，却觉得更像一个悲伤的隐喻。小公主落难，美丽而纯真，陷入与世隔绝的芬芳里，如同尚未开启的宝藏。她没有自主的权利，只能被动地等待，在王子出现以后，作为一份奖品，落入对方彀中。

公主的爱情，影射着女孩们的生存困境：长久以来，我们是如此受限，被定义，被安排，被命运送到某个男人身边，被贴上幸福美满的标签，实则面目模糊。我们失去了自己的喜怒和声音，最大的价值只剩美丽，而美丽捆绑着我们。

在女权意识越来越觉醒的今天，网络上热火朝天地讨论着女性独立，然而很多时候，我们依旧活在不知不觉的樊笼里。

听，“姐姐独美”其实像一种暗示，独立是受欢迎的，但狼狈是不讨喜的，关键是要保持“美”，要女孩在什么时候都姿态好看；“纯欲风”“好嫁风”更像赤裸裸的欺骗和胁迫，手把手地教导女孩，让她们屈从于男性审美，用美丽来迎合和等价交换。

那些外界的评价、赞美，都如同玫瑰花，筑成了一道漂亮的藩篱，将我们困住。只因为那道藩篱明艳动人，我们便沉迷于芬芳的假象，忘了自己寸步难行，忘了自己戴着镣铐起舞，还严苛地约束自我，想要优雅从容。

今年夏天，我陪朋友拍摄纪录片，走访了一个地方。在那里，所有的女性都没有名字，她们从结婚那天开始，就被人称呼为“某某媳妇”“某某妈”，有人相识几十年，却叫不出彼此的名字。

那些名字，不仅被旁人遗忘，甚至她们自己也忘了。

让我诧异的是，她们没有人觉得不妥，哪怕她们明明读过书、受过教育，也常把男女平等挂在嘴边。比如樱芝，她上完大学，在北京工作两三年，然后嫁回老家，开着当地唯一一家美容院。

大家都称呼她“赵明家的”，因为她丈夫叫赵明。

相熟以后，我委婉地问她：“你没有发现吗？你们这儿的女人都没有名字。”起初，她不以为然，在她口中，当地女人的生活其实很滋润：“不用上班，都是男人养家”“带好孩子就行了”“女性地位还是可以的，彩礼一个比一个高”“他们都怕老婆”……

事实真的如此吗？在任何外客看来，这种“滋润”都像是谎言，拙劣的漏洞藏在许多细节里：逢年过节的聚餐，女性不能和宾客同桌吃饭；红白喜事的礼金簿上，落款永远是丈夫或儿子；离婚万分艰难，要遭受同乡人的耻笑，还要被娘家人驱逐，认为会带坏家里的气运……

当我和樱芝聊起这些时，她沉默而难堪，在长长的叹气过后，说：“忽略这些，也还算好。”

但这些是不能被忽略的。

它是潜在的危险；它意味着女性居于劣势；它能够顷刻翻脸，将人拖进深渊。你不信？如果遇到保大还是保小的问题，如果男人挥起拳头，如果婆家和娘家起了冲突——那么，这里的女人，很可能会被欺凌。

因为她拥有的，都是对方给予的，一旦对方想收回，她没有资格开口说不。

樱芝说：“只要老实本分，不整那些花花肠子，日子还是过得下去的。”所以呢，我们要为了“日子过得下去”，忍气吞声，收敛自己的情绪，咽下自己的委屈，甚至丢掉自己的姓名？

离开那儿的时候，我问樱芝：“如果你那时候没有嫁人，而是继续打工存钱，这家美容院能开起来吗？”

一定能的。

也许会晚点，但每分钱都是自己挣的，一桌一椅，一块地板，都会是她的底气，都能帮她抵抗生活的风波。

一个真正的公主，不应该是缩在美丽背后，等着被命运安排。她应该拿起长剑，劈开那道玫瑰花丛，自己走出城堡，选择心仪的王子。

但是，不知道从什么时候开始，我们退到了玫瑰花丛里。

我们喜欢听别人夸赞“小仙女”，暗自得意又是好看的一天，然后拍照发朋友圈，等着收获点赞和好评。

我们享受异性的示好，尤其是严词拒绝之后，依然络绎不绝的追逐，让那份“男人征服世界，女人征服男人”的小心思得到满足。我们追求“入得厨房，出得厅堂”，咬紧牙关，要在人前光鲜，还要在人后贤惠，立志做完美女人，容不得半点纰漏。

我们周旋于男性凝视之下，游走于社会对女性的各种条框之中，辛苦而隐忍，挤出得体的微笑，因为对方一两句夸赞而欢喜。

这不叫独立，也不是什么女性崛起，而是“雌竞”。

我们依然在把自己放在弱势的地位，用手头为数不多的资本，博怜、争宠，展示温顺、美丽、能干这些品质，从而争取最优质的男人。

我们默认，只有优质的男人才拥有着更多的资源和安全感。或许从前是这样的，因为女性无法直接和社会对话，所以想要获得任何权益，都必须通过男性这个中介。但时代在进步，我们已经打破很多藩篱，走出来，能够发出自己的声音。

为什么呢？我们为什么还要把自己活成玫瑰花，争奇斗艳，然后等着被王子采摘？其实，这个过程中，每个女孩都万分辛苦，因为“雌竞”本质上就是一场“内卷”：为了赢过另一个女孩，我们更努力地瘦身，更用心地提升学历，更加拼命地工作，试图用更好的自己，打败对手，来匹配更好的男人。

结果显而易见，女孩们活得很累，却并没有过得很舒坦。哪怕她得到了理想伴侣，她也不敢松懈，因为会有更年轻、更优秀的女孩，虎视眈眈地站在一旁。

错了，从一开始，女孩们努力的方向就错了。

修饰自我，然后争夺男人的恩宠，试图用对方的认可来证明自己，不如直接用这些心力来披荆斩棘。何必把女孩当作对手？我们要争的，从来不是谁更好看、谁更有魅力、谁爬得更高，而是谁为自己夺到了更多的话语权和生存空间。

或许童话应该被改写了：故事里的那只恶龙，俘虏了公主，将她囚禁在山洞，所有骑士都赶来营救。经过险山恶水之后，他们惊讶地发现，公主竟然完好无损地走出了洞口。

“哦，你们来晚了，那头恶龙已经被我杀了。”公主云淡风轻地提着宝剑，金色的头发闪闪发光，衣服上可能还沾着血，一点也不美好，却比所有的骑士还要像骑士。

我们可以不好看的，狼狈一点儿也没有关系，别再把自己定义为玫瑰了，那样会被束缚，也会被支配。

将打造和维持魅力的时间拿来厮杀吧，野心挂在脸上，欲望写在眼里，野蛮，坚韧，粗糙而有力量。

怕什么，手持利刃战斗的人，跌倒了也值得骄傲。

我自有长眉妙目，
哪怕瑕疵难免却也特色独具

*

*

看那弯眉，看那双眼，

它们各有形色，组成不同的风采，

使得我们区别于他人——这就是美。

我自有长眉妙目，哪怕瑕疵难免，

却也特色别具，何必要妆化成千篇一律的模样？

我们总习惯把目光放在别人脸上，

却往往忘了欣赏自己。

在古希腊的故事里，最漂亮的少年叫作纳西索斯。

无数仙女都为他疯狂，而他清高自负，拒绝了所有的示爱，直到有一天，他在水中邂逅美少年。那个美少年是如此绝艳，让他神魂为之一颤，心生爱慕，无法自拔。自此，纳西索斯流连于水畔，日日夜夜，对着爱人倾诉衷肠。

他并不知道，那其实是他自己的倒影。在爱意的驱使下，他投入水中，渴望触碰爱人，最终溺水而死。众神怜悯不已，让他死后化身水仙花，花语为自恋。

我非常喜欢纳西索斯的故事。他表面上是在为情所苦、为爱殉身，实则是在“看自己”。看，是一种审视，是探询自我，然后接纳自我。

这种审视包含着内在和外在两个层面。故事里，纳西索斯对自己容貌的欣赏和接纳显而易见，这是外在的审视，是“自恋”最直观的体现，也是很多人嘲笑的地方：天啊，真的有人这么不要脸？自己爱上自己？

别把这种“自恋”当成笑话，如果可以，它应该是每个女孩的箴言。

因为，我们太缺少对自己的欣赏和认可了：

每天计算卡路里，不敢多吃一口米饭。

攒着最辛苦的钱，忍着最痛的手术刀，把自己雕琢成别人的样子。

精心修着朋友圈里的每张照片，从不素颜出门。

在 30 岁以后，再也不喜欢过生日，尤其讨厌看到镜子里的脸。

把女明星的 A4 腰、漫画腿、天鹅颈当成目标，立志要对自己狠一点，再狠一点……

这些女孩子真的不好看吗？不，她们皮肤白嫩，但她们只看到了自己脸颊上的雀斑；她们举止优雅，但她们只看到了自己年长；她们身材高挑，但她们只看到了自己体重三位数。

很少有女孩能够信心十足地说：我长得好看。

这大概是因为，在每个女孩的成长过程中，没有人教导她们要学会“看自己”。

看那弯眉，看那双眼，它们各有形色，组成不同的风采，使得我们区别于他人——这就是美。

在我的少女时代里，所有关于美的启蒙，都是在说通过别人的眼睛来定义好看，比如要睡出扁头，要有双眼皮，要捏出高鼻梁。从来没有人教导我，要把目光投向自己，要接受和亲近镜子里的脸，它和任何人都不同，是独一无二的美。

我记得小时候过儿童节，学校会让我们穿新裙子，扎起五花八门的小辫，在额头点一枚红痣。那是我们为数不多的打扮机会，每次我都很开心，表演完歌舞以后，会去妈妈面前讨要表扬："我好看吧？"而妈妈总是笑话我："别人说你好看，那才叫好看，自己不能这么说，那叫臭美。"

很长一段时间内，我都对此深信不疑，也留意到身边的女孩似乎都受过类似的告诫，以至于在我们看来，审视自己的外貌是很羞耻的，接纳自己的外貌更是难上加难。即便顶着班花、校花的头衔，也很少有女孩能够自信地在心里宣告：我是一个漂亮女孩。甚至，她面对外界赞美时，第一反应会是害羞和谦逊："谢谢""你也很好看""没有啦"。

什么是好看？谁来定义美貌？我们总习惯把目光放在别人脸上，却往往忘了欣赏自己。

在今天，越来越多的女孩开始拥有容貌焦虑，但这些焦虑的来源，并不是因为她们真的丑，而是她们没有学会"自恋"，看不到自己的特色，盲目追求外界设定的标准。

七八年前，我还在北京，合租的室友是个小"网红"，二十多岁，开着网店卖衣服，常常要自己当模特，拍些漂亮的广告图。

我有一次下班早，撞见她在家里拍摄。透过摄影师的镜头，那张脸神采飞扬，洋溢着一种游刃有余的美。

她为占用了客厅而道歉，我表示不介意，很客气地赞美道："拍得真好看。”

她笑嘻嘻地说：“我也觉得好看，我可能天生就是吃这碗饭的，太会拍照啦。”

说到这儿，她大概也觉得自己不谦虚，脸微微一红，但这点难为情，是因为和聊天对象不熟稔，而不是觉得自己的回答言过其实。

她是打心眼里觉得自己漂亮，足以胜任自己的工作。

我当时非常惊讶，甚至有些微妙的羡慕：很少有女孩子能够像她这样，懂得大大方方欣赏自己的外貌，没有人云亦云。

其实她绝不是什么大美人，但世间又有几个颠倒众生的大美人呢？每个女孩都有可爱之处，各擅胜场，足矣。

我那会儿的工作是和媒体打交道，接触了很多女孩子，她们鲜嫩地扎根在这个城市，眉眼如花，绽放在各个行业。但我发现，哪怕是小有声名的明星、网红，被粉丝追捧着，被掌声拥簇着，依然会在镜头之外质疑自己的美貌。

她们或清纯或美艳，却一次次打针、填充、动手术，反复折腾那张脸，换来粉丝的惋惜和不解：为什么明明很好看，却想不开要去整容？

是啊，为什么呢？谁都爱美，谁都有权利追求美，但美是没有模板的，为什么要照着别人的样子去改变？为什么看不到自己的五官？

她们不是“美而不自知”，是对美有误解，是从未真正发掘到自己的魅力，也并不信任自己能有此等魅力。

相比之下，我的那位室友显然更“自恋”，她并没有比那些网红、明星更漂亮，却比她们更快乐。

在她的直播间，总有粉丝笑嘻嘻地建议：“姐姐脸上有颗泪痣，为什么不做个手术去掉呢？会更好看的。”

她毫不在意地摇头：“我有这颗痣也很好看啊。”

我自有长眉妙目，哪怕瑕疵难免，却也特色别具，何必要妆化成千篇一律的模样？

每每想到她这番话，我都不免要拍手叫好，这几年，眼看着身边的朋友们陷入容貌焦虑，她这份“自恋”太难得了——发现自己的美，并为自己的美着迷。

我知道，现在的女孩们很喜欢给自己的外貌打分，四分女、六分女、七分女，这个分数的背后，是“我应该可以到这个分数吧”的小心忖度和“我要努力变得更美”的暗暗较劲。

其实大可不必，给美貌评分，注定莫衷一是。什么标准？没有标准，那我们不妨拿自己当标准。

我们本来就很美呀！

有的活泼可爱，裙摆飞扬起来，如同一朵柔软的云；笑声化作风，毫无征兆地吹过心湖，搅起涟漪，泛着淡淡的甜。这甜，又从她的浅笑梨涡里溢出来。

有的明艳动人，整个三月的桃花都在她眼睛里，每次抬眸，恰似花开，欢喜和哀愁则是香气，仿佛有了颜色，在空气中活色生香。你无法不看她，就像你无法拒绝春天来临。

有的丰盈，一截玉臂，优雅得像天鹅抻颈，自肩到肘，再到纤纤手，仿佛唐朝仕女图的线条，流畅而自然，连双下巴都显得恰到好处。

有的窈窕，身形似杨柳，走动也好，静止也好，依依有情，用举手投足诠释了柔美。她从蒹葭苍苍的诗歌里走来，自身也是一首诗歌……

女孩子各有各的漂亮法，与其被别人的审美牵着走，陷入容貌焦虑，不如多看看自己，姑且做一回镜子前的水仙花。

爱艺术品，做实用品

*

*

美貌，只是女孩们众多闪光点里的一个。

女孩们绽放的方式有千百种。

只因为她有比脸更亮眼的地方，

所以让人忽略了那份美。

其实想想，很多女孩执着于变美，

是因为她们忘了，

自己还可以有其他的优势。

在我家乡有一句俗语："女人菜籽命，落到哪里算哪里。"

小时候，总听到大人们念叨这句话，尤其是家里的姑娘出嫁时。她们穿戴好嫁衣，到堂屋拜别父母，泪水涟涟，眉梢俱是羞涩和喜气。而父母则更哀戚些，拉着新娘子的手，反复叮咛："女人菜籽命，人既是你选的，以后好坏都是你的命，且忍着吧。"

我当然不明白，缠着大人们问，伯母婶娘都说："这就是养女儿的坏处了，在家时千好万好，一到嫁人，那得听天由命。如果遇到好人家，后半生不愁；如果遇到歹人家，能有什么办法？可不就跟种油菜籽一样？落到哪里算哪里，落到薄田不会有好收成！"

母亲在旁边搭腔和点头，她既然生了女儿，心里自有许多担忧。我听得懵懂，也不以为然，但这个新奇的比喻却一直记在了心里。

很久以后，我读到台湾作家廖辉英的小说《油麻菜籽》。她说，台南地区也有"查某囡仔是油麻菜籽命，落到哪里就长到哪里"的俚语，而她的母亲一生悲情，是这句话的最好例证。

我开始重新审视这句俗语，它的本意，当然是想哀叹女孩子身不由己的婚姻生活，时至今日，早已不适用了。但仔细想来，油菜也好，油麻也好，用来比喻女孩子，真是再贴切不过。

油菜开花的时候，阵势很大，一眼望过去，黄澄澄，金灿灿。油麻呢，有些地方又叫芝麻，开了花，白底紫晕，成串成对，也是蔚然如云霞。但这样的景观，从来没有人驻足观赏，也没有人把它看作春色盎然。

如果你有心，停下脚步细看，你会发现它们其实很美，小小的一朵，细嫩可爱，玲珑别致。然而，寻常见了它，很少让人想到美，最先浮起的念头是：花开得这样密，今年又有好收成了。

你看，有些花不是不好看，只是它有更大的优点，当其他优势胜过美丽优势的时候，它就从艺术品变成了实用品。

我们也许会鄙弃一件艺术品，但我们都爱实用品。

女孩子的处世之道，又何尝不是如此？

世有百花，各具风情：桃花明媚，海棠娇艳，牡丹雍容，菊高洁，兰清幽……好春光有限，谁不想占得一席之位？于是各自争奇斗艳，拿出看家本领，博个美名。

女孩子与花，有太多相似之处，难道花都需要好看吗？难道女孩被喜爱，都是因为好看吗？我想，答案就藏在油菜籽里。

论美丽，油菜花排不上名号；论喜爱，油菜花受欢迎的程度，不见得输给桃红柳绿，它能入菜，籽能榨油，以无可替代走进了千家万户。

每个女孩子要走的路，也应该是这样的，条条通罗马。美貌，是叩响成功之门的钥匙，但绝不是唯一的钥匙，事实上，连那些拥有美貌的女孩子，都不再信任美貌，而是另觅他径，挖掘更多的优势，让自己发光。

我记得北京奥运会期间，一张女运动员的照片，让网上兴起了一股讨论容貌的热潮：大汗淋漓的女运动员，随意套着运动服，头发蓬乱，眼神清亮有光，攫取了所有人的注意力，丝毫不输那些美艳精致的女明星。

在被各种精修图、自拍照刷屏以后，大家已经对女性有了刻板印象：大腿不能粗，小肚腩不好看，手臂要瘦……他们要求女孩们漂亮，仿佛这就是女孩们最大的价值；而女孩们也想方设法让自己漂亮，仿佛只有这样才能让自己被看到。

在我们看不到的地方，很多女孩努力展示自己更多的闪光点，而那张女运动员的照片，让这些女孩闯进了大众的视野。严格来说，她们的外形条件真的比不上女明星，没有傲人的身材，也没有所谓的黄金比例，原生态的浓眉大眼，斑点和黑眼圈都清晰可见。

但那又如何？她们有的在泳池游弋，破浪花千重，如逆流而上的鱼；有的在冰道驰骋，其身形轻盈，力道激越；有的在击剑场，七分野三分烈，一剑封喉……她们找到了自己的舞台，演绎出了自己的精彩，耀眼到让所有人都为此鼓掌、赞美、欢呼，这一刻，没有谁去关注镜头里的脸是否好看。

美貌，只是女孩们众多闪光点里的一个。

这并不是什么标新立异的观点，却是常常会被我们遗忘的生活态度。

我当然喜欢那些活得像海棠花的女孩，无处不活色生香，但我同样喜欢活得像油菜花的女孩，哪怕随风飘落，落到贫瘠的土地，也在努力绽放，找到美貌以外的东西，让自己被看到、被认可、被欣赏。

我身边就有这样的朋友，我丝毫不觉得相貌平平是她的缺憾，她自有让人折服的魅力，你根本不会将注意力放在那张脸上，哪怕她好看，好看也是她最不起眼的优点。

在 Dee 的身上，我第一次意识到美貌是次要的，甚至是无效的。

我们相识的时机不算好，那时候汶川地震十周年，我做专题采访，而她是我的受访者，因为她的男友在那场地震中失踪了。彼时，她还在读大学，憧憬着毕业典礼和婚礼同时举办，冷不防地，生活就被剜去了一大块。

我留意到她，还有一个很重要的原因是她的职业——心理师。她在镜头里说起这十年，从生死不明的恋人，到赡养对方父母，再到鼓起勇气开始新的恋情，以及遇人不淑当了小三，而后众叛亲离，独自生下孩子抚养，成为一名单亲妈妈。

她受了太多创伤，就像一粒落在盐碱地里的油菜籽，注定做不了姹紫嫣红的牡丹。但女孩们绽放的方式有千百种，她选择从创伤里站起来，带着伤口，去疗愈受伤的别人。

她成了业内非常有名的女心理师，见面时，我一下子就被迷住了。你能从她身上感受到苦，但那些苦从容地沉淀下来，像细细研磨过的咖啡，有醇厚而温柔的力量，徐徐散发。

我对她最直观的印象是她就像珍珠，散发着柔光，温润却又让人无法忽视。直到相交数年后，我看到她做的一场公益讲座，在高清视频里，很多弹幕都称赞她漂亮，我第一次开始打量她的脸，后知后觉地发现她是美的：长眉，杏眼，天鹅颈，如果涂脂抹粉地打扮起来，在人群里绝对亮眼。

只因为她有比脸更亮眼的地方，所以让人忽略了那份美。

其实想想，很多女生执着于变美，是因为她们忘了，自己还可以有其他的优势。

都说美貌可以变现，难道学历不可以？技能不可以？爱好不可以？女孩能够努力和钻研的方向实在太多了，美貌固然算作捷径，也需要承担风险和痛苦，何必死磕？又何必一窝蜂地“雌竞”，制造外貌焦虑，不妨试着换一条赛道。

我永远叹服于董明珠女士，每每看到她露面，不管线上线下，都觉得惊艳。那不是明眸皓齿带来的冲击，而是一位女企业家用实力说话的底气，哪怕你不喜欢她，也无法否认她的耀眼和优秀——她以睿智和坚韧点亮了自己的名字，让所有人看到她。

如果要用一种花来形容董明珠，那么，再没有比油菜花更合适的了。

风将她吹往命运的低谷，她依然扎根，开花，结果，不参与争奇斗艳，只用淬炼出的精华来说话，在春天拥有一席之地。

这大概才是春天的正确打开方式，每一种花都找到自己的生存之道，就像女孩都能走上属于自己的路。

美得不费力，才算高级

*

*

她们很美，但她们也很累。

只有美得不费力，才能让自己和旁人愉悦，

如果美丽里透着太多眼泪和汗水，

再美，亦不动人。

再怎么心爱，也不能受其牵掣。

我们爱酒，但不要被酒支配，冲昏头脑；

我们爱美，也应该如此。

“魔镜魔镜，请告诉我谁是世界上最美的人？”

当童话里的王后抛出这个问题，她就注定要被答案牵掣。在魔镜肯定了她的美貌以后，她就再也无法忍受世上有更美的人出现，哪怕对方是她的继女，她也遏制不住内心的嫉妒和惶恐，痛下杀手，从此走上一条万劫不复的路。

世上当然没有魔镜，但似乎每一面普通的镜子都拥有魔力，绝不说谎，清楚地记录每一个女孩的娇艳和凋零。

为了挽留镜子里的美，无数女孩化身“王后”，把现实生生改写成结局惨淡的童话。

可不可以追逐美貌？当然可以，没有女孩不爱美。

我读书的时候，最喜欢翻阅些杂记典故，凡有关女子的衣食仪容，历朝历代都很可观，也都很有情趣。

最经典的自然要属《红楼梦》，贾宝玉安抚受了委屈的平儿，教她用紫茉莉花的种子研粉，再拿玉簪花棒挑开，敷在脸上，轻而白，柔而嫩。瞧瞧，爱美是一门多么精深的学问，单说妆容，竟有这许多讲究，南朝的落梅妆、唐朝的拂云眉、宋朝的珍珠面靥等，都是女孩们在脸上耗费的心力。

可以大做文章的还有服饰，比如汉朝的姑娘，人人效仿赵飞燕，要把好好的绸裙弄出褶子，布满皱纹，叫作留仙裙，穿起来婀娜生姿，营造出一种随时要被风吹走的柔软感；而唐朝的姑娘则流行穿诃子裙，把丰腴之美展现得淋漓尽致，香艳得叫人挪不开眼，贵妇或平民都引为风尚。

爱美是人之常情呀，为了娱人也好，为了自娱也好，看着镜子里的自己光鲜亮丽，终归是快乐的。况且我们还笃定美丽能够变现，一个漂亮的女性，在事业或恋爱上的运气都不会太差，我们当然要小心翼翼地呵护这张皮囊。

所以，尽管商家都在戏谑“女人的钱最好赚”，但女孩们依然乐此不疲，愿意为任何一件能让美丽增值的商品买单，也愿意花费诸多心思和手段来折腾自己。

你永远无法想象，为了变美，女孩们有多么能吃苦：

她们可以滴米不沾，饿上三五天，只为了把自己塞进一件窄小的礼裙。

她们忍受拉皮削骨的痛，躺在手术台上，眼看着针尖扎下来，泛着寒光，丝毫不敢闪躲。

她们十几年如一日，不碰甜食，更不吃晚餐，清晨瑜伽，晚上夜跑，自律得如同苦行僧。

她们在任何场合都妆容精致，下楼扔垃圾也得描眉画目，谁也别想剥开这层光鲜，目睹她们的狼狈。

她们孜孜不倦地追赶时尚，从卷发弧度的大小，到鞋子的高度，这些在男性眼里琐碎而无关痛痒的事情，是女孩们精益求精的细节……

她们很美，但她们也很累。

我曾经做过专项社会调查，在地铁、马路、写字楼观察各色女性，我发现一件很有意思的事：更让人赏心悦目的，不是眉笔眼影腮红勾勒出来的精致，而是自然随性中透露出来的轻松。哪怕她身形微胖，扎着随手挽的丸子头，还有一两缕发丝飘下来，身上没什么名牌，甚至和流行不沾边，但整个人却惬意而舒展，任谁看了，都觉得这份简单的背后，有举重若轻的从容和妥帖。相反，越是身材标准得如模特，越是里里外外精心搭配，越叫人看出其中的辛苦和钻研。

我从前也这样，出门在外，如同一场战战兢兢的“画皮”，费尽心思维持着光鲜，在旁人面前绝不肯露怯。有很多次，对面坐着约会的友人，而我在心里暗暗焦灼：别吃玉米吧，啃起来太没有形象了。西瓜为什么没有切成块呢？汁水淋漓的，今天偏偏穿了白裙子，溅上了怎么办？火锅的味道有点大，幸好包里准备了清香剂……

你要相信，随时随地都好看并不是一件容易的事，每个惊艳了路人的女孩，背地里都在偷偷努力和较劲。

朋友笑话我：“何必呢？为了别人赏心悦目，弄得自己筋疲力尽。”

我立马反驳他：“我自己也会收获快乐。”

“过犹不及，你在好看这件事上收获的快乐，已经远远低于它带来的麻烦。”

话虽难听，道理却不假。

只有美得不费力，才能让自己和旁人愉悦，如果美丽里透着太多眼泪和汗水，再美，亦不动人。

这就像我们少女时代的暗恋，青涩里，嚼着若有似无的甜，你自然想尝更多的甜。但如果这个过程漫长而跌宕，即便最后暗恋成真，你心头的愉悦和甜，大概也被稀释到所剩无几了。因为在被执念驱使的时候，你满脑子都是“得到这个人”，而不是享受爱情，这就是为什么很多人和暗恋对象修成正果，也并没有想象中圆满，只得草草分手。

再怎么心爱，也不能受其牵掣。我们爱酒，但不要被酒支配，冲昏头脑；我们爱美，也应该如此。

那众多的受访者中，有一位让我印象非常深刻，她自成年后开始沉迷于整形，大大小小十多次手术后，面目全非。单那一双眼，就不知费了多少功夫，最初割了欧式双眼皮，没几年审美风向就变了，又忙着去做修复，来回折腾许久，好看自然是好看的，但耗费的时间和心力实在惊人。

别的不提，为了维持术后效果，她这几年基本不敢碰太激烈的运动项目，以往最热衷滑雪，现在也只能在场边当个观众，过过干瘾，因为怕伤到脸蛋。她不无心酸地在镜头里回忆：有一次去骑马，不小心摔了，新做的鼻子没保住，立刻又到医院回炉重修。她说，身体上的苦痛倒在其次，当下的那份难堪和惊慌才磨人，在很长时间内，她甚至不敢摸自己的鼻子。

其实她已经很好看了，从五官到形体都被精雕细琢，完美得不似真人，然而，完美的背后有太多负荷。

我问她："你现在足够漂亮，为什么还要不停地动刀子？"

她笑了，注射过硅胶的脸已经做不出表情，如同橱窗里的洋娃娃。她说，一旦开始，根本停不下来，心里会有个声音不停地暗示自己：再做一次，会更美一点。

可是美怎么会有止境呢？所以她被这个声音推着往前走，一次次走进手术室。

追求美，并不等同于被美奴役和差遣。

也许道理我们都懂，可是我们太容易被蛊惑了，在不知不觉之间，失了平常心，本末倒置。原本我们是主人，对着镜子里的脸品头论足，想着让自己高兴；没想到我们最后变成了奴仆，千方百计折腾自己，只为呈现更好的一面。这哪里还是取悦自己？分明是被镜子牵着鼻子走。

我依然记得，那次采访结束，她迷惘而无奈地叹息："有时候，我觉得自己像童话里的那个小女孩，觊觎一双红舞鞋，想要漂漂亮亮地出现在大家面前。结果穿上了鞋子，竟然再也脱不下来，什么虚荣、快乐、赞美，早就不会有了。”

这就像一个真实版的都市寓言，它在告诫每个爱美的女孩：不要成为美貌的奴隶。

最好的化妆品是年龄

*

*

大概每个花季少女都曾经和这样一个假想敌咬牙切齿地较过劲，

觉得自己的青春灰扑扑的，

只有长大了才明白，这其实是对美的一个误解。

真正让你变美的，是你对美的认知，

只要真正理解了每个年龄段的风采，

爱上每个年龄段的自己，那就无需任何化妆品。

有一阵子，我在大学开公选课，讲文学鉴赏。来听课的大多是女孩，十八九岁，笑起来芬芳，念着叶芝或普希金的诗，每个语句都像花瓣上柔软的露珠，在唇齿间滴溜溜地转，纯净且美好。

在我看来，再没有什么比这些花样年华的女孩更动人，难怪文学家们都至死不渝地热爱少女，因为用尽所有美好字眼，也实难描摹这份鲜活。

但是，她们自己好像浑然未觉。

好几次下课后，有女孩笑嘻嘻地跑过来，在讲台边围住我，羞涩地问："老师，你今天好漂亮呀，这条裙子是在哪里买的？"

她们拿出手机，眼巴巴地讨要同款链接，我惊诧，还有点惘然。

去年底，我过完三十岁的生日，即便仍顶着一张娃娃脸，旁人还能戏谑"永远十八岁"，自己却能清楚地感觉到变化。最明显的，就是穿衣这件事，无论逛街或是网上购物，看到喜欢的裙子，脑海里会不自觉地开始考虑：我这个年纪可以穿吗？

这一年来，我的衣柜明显变了许多，都是些素雅的颜色，款式也再简单不过，没想到竟然能招来小女生喜欢。我还记得有件秋香色的旗袍，花鸟纹，仿着宋人折枝花鸟画，那样暮气沉沉，却有好几个女孩买了，欢喜地穿着来上课。

当然是好看的，年轻带笑的脸，捕获了全部目光，让人根本看不到其他。我其实很想告诉她们：这样一件衣服，分明是在拖后腿，哪里能衬出你的好看呢？

说来也有意思，女孩们的容貌焦虑，很多时候竟都来源于年龄，我们无法平心静气地与各个年龄段的自己和解。

年岁渐长的人，无法接受青春在脸上消逝，努力想要留住苹果肌和胶原蛋白；豆蔻年华的人，却无法欣赏小荷才露尖尖角的风姿，急切地想要闯进大人的世界。

在美丽这件事上，女孩们好像一直缺乏系统的教育和认知，懵懂地往前走，新奇，慌张，反复无常，还有漫长的焦虑。尤其是年少时，我们特别渴望通过变美，来建构自信心，获得认同感，但往往我们不得章法，更容易经受挫败。

回想起来，谁的青春没有经历过这样的别扭？十七八岁，总觉得再尴尬不过，稚气未脱，眉眼又已然长成桃花，看着那些大姐姐们成熟利落，举手投足间都是招摇和风情，最勾人目光，怎么看都存了艳羡。

于是，我们暗地里不知费了多少小心思，又生了多少闷气：绝不肯穿妈妈新买的衣服，因为太幼稚；什么物件都喜欢黑的，因为显得独特，有个性，白色和灰色也好，粉色是万万不可；偷偷留长发，睡觉前编一股麻花辫，让头发在次日变成蓬松卷发；甚至还曾经拿红色中性笔，把指甲涂得鲜红抢眼。

我有个年龄相差十多岁的表妹，最近被小姨痛骂，委委屈屈地把自己关在房间里不出来，只因为她省下早餐钱买了口红，在上学的时候偷偷涂。

大家都笑她臭美："这才几岁，涂什么口红？"但表妹不服气，说班上好多女生都偷偷打扮，不只买口红，还会饿肚子省钱买眼影、腮红，是跟高年级女生学的。

的确，在这个年纪，女生最讨厌、实则最嫉妒的，一定是那个远比同龄人成熟的女孩。她个子高挑，身形开始发育，穿着打扮更像大姐姐，说话行事似乎也更有范儿，一下子把其他女生对比得幼稚而无趣。

大概每个花季少女都曾经和这样一个假想敌咬牙切齿地较过劲，觉得自己的青春灰扑扑的，只有长大了才明白，这其实是对美的一个误解。

在豆蔻梢头的年纪，最好看的，分明是蓝白色的校服被风吹得鼓起，是高马尾甩出活泼的弧度，是阳光照着脸上细小的绒毛，是哈哈大笑露出洁白的牙齿……

多年以后，我们再回想起读书时代的素颜，终于学会真心实意地欣赏了：年轻真好哇，怎样都好看。

可惜当时不懂，着急忙慌的，其实急什么呢？以后有的是机会描眉画眼，那份浑然天成的稚嫩和青涩，才是错过不再有。

让人哭笑不得的是，我们无数次模仿和渴望的风情美艳，当我们真正拥有时，它好似又变了味，成了蚊子血，怎么看都碍眼，仿佛青春逝去的印戳。

我有个朋友，在时尚杂志任职，自诩品位不俗，很爱对我们的衣柜指点江山。有段时间，我们很惊讶地发现，她似乎疯狂迷恋上了粉红，从头箍到衣服，再到包包，这个粉嫩的颜色越来越常出现。

有一次聚会时，她甚至穿了一双糖果色的高跟鞋。我们立刻提出质问，毕竟她可是义正词严地说过“一切饱和度高的颜色，都和时尚无缘”。

她幽怨地叹气，摊手道：“所有的时尚法则，都会败给这条铁律——人上了年纪，就会开始喜欢粉色。”她自嘲地说，她前几天穿了件新衣，才出门，和小区的一个中学生撞衫了，对方看她的眼神震惊而嘲讽，就差直接控诉她了：阿姨，你为什么没点自知之明？

我们听得乐不可支，想想又觉得难过，这件不合时宜的衣服，背后折射着中年焦虑：我是不是老了，不好看了？

从前，我们迷恋成熟，看着电视屏幕里的大姐姐，觉得她们举手投足都是舒展，连笑起来的皱纹也格外有魅力，是徐徐绽放的花，是美。但这种美仿佛只是叶公好龙，等到自己年岁渐长，我们就慌了，绝不肯面对镜子里的皱纹，因为难看呀，见过自己饱满的苹果肌，再看如今的自己，只觉面目可憎。

还记得那个“开箱验取石榴裙”的故事吗？骄傲如武媚娘，在旁观者眼里是“蛾眉不肯让人”，艳压后宫。但她自己呢？被打发到感业寺的时候也不过二十来岁，却深觉惶恐，担心自己人老珠黄，要一次次打开箱子，翻出漂亮衣服，往身上试穿，以此来证明她魅力不减。

揣着这样的心思，谁还能坐得住？倒腾些花红柳绿的衣服是小事，更禁不住诱惑的是医美，从脸部护理到打针、动刀，躺在手术台上，医生的那句“只要花点小钱，就能让自己青春永驻，何乐而不为”，简直是说到心坎里。

我有段时间沉迷于光子嫩肤，不为别的，实在懒得化妆。总是素面朝天地出门，但又不得不承认，岁月在脸上留下了粗毛孔和斑点。回想少女时，自己也曾疯狂囤购彩妆，研究过各色港风妆、白水妆、桃花妆，如今倒是学会了娴熟地打眼影，但走出门去，从头到脚都是心虚，觉得自己戴着假面。

再看看路上的小姑娘，像剥开的白水鸡蛋，好看得让人嫉妒。于是我忙不迭地求助医美，去的次数多了，我发现所有医美机构的客户，大多都是女性，要么是二十左右的小姑娘，要么是四十往上走的女性。

前者拿着女明星的照片来割双眼皮、削骨，要把自己折腾成别人；后者要填充苹果肌，打玻尿酸，回到年轻时的自己。

如此来看，女孩们关于“美”的定义实在不靠谱，我们在不同的年龄，拥有不同的焦虑，想着不同的法子折腾自己，但却从来没有想过试着欣赏每个年龄段的自己。

十八岁，自有十八岁的水灵；三十八岁，自有三十八岁的优雅。

不管我们此时多少岁，这个年龄都有自带的美颜滤镜，我们如果学会欣赏和接受，就会发现自己是好看的，就不会有那么多焦虑和不安，也不会迫切地渴望长大或回春。

真正让你变美的，是你对美的认知，只要真正理解了每个年龄段的风采，爱上每个年龄段的自己，那就无需任何化妆品。

美而无用，
那就等同于不美

*

*

其实，美貌就像你的存款，要量入为出，

钱多钱少已是定数，关键在于怎么花钱。

美貌够用就行，它没有最高级，

不必为此费上全部心力。

值钱的是美貌附带的价值。

美貌是一种工具，枪棒斧戟，分不出哪种最锋利，求的是技巧。

《聊斋》里讲了个很有意思的故事：富商洪大业娶了娇妻朱氏，朱氏貌美如花，两人也蜜里调油地好过，但洪大业后来纳了一个婢女为妾，她姿色平平，远不如朱氏，却深得宠爱。朱氏既不服气，又无奈，与丈夫越行越远，好在得了女狐恒娘的帮忙，用欲擒故纵的手段，夺回丈夫的心。

恒娘教她，并非她皮囊不美，而是她不懂得利用和展示这份美。

很多女孩对美都有误解，她们觉得，美貌既然能变现，而自己并没有享受到容貌带来的便利和好处，那肯定是因为还不够美。所以，她们永远活在容貌焦虑里，想方设法要让自己更美。

其实，美貌就像你的存款，要量入为出，钱多钱少已是定数，关键在于怎么花钱。

有个读者加了我的微信，总在朋友圈晒自拍，二十来岁的小姑娘，不管挑什么奇怪的角度，看起来都鲜妍活泼，眼里有光，能点亮整天的好心情。

她向我吐槽，说自己有个喜欢的人，她三不五时地发自拍，其实是为了招惹他，但他似乎不买账，有时候点个赞，有时候不搭理。

我问她：“你希望他怎么做呢？”

“当然是给我点赞，夸我漂亮，然后来追求我。”她说着，又苦恼起来，“他不回应，是不是觉得我不够好看？”

她其实是个美人儿，但她对于如何展示自己的美，似乎在认知上有点偏差。

很多女孩都存在这样的误区，以为花若盛开，蜂蝶自来。所以她们铆足了劲，想通过自拍来360度地展示容貌——我那么美，当然能引来赏花之人，懂我，怜我。但事实上，蜂蝶来的原因，是花能给它们提供香甜的蜂蜜。

自拍能展示什么？瓜子脸、樱桃嘴还是天鹅颈？美丽的确能带来视觉冲击力，但短暂而无效。你瘦？永远有人比你更瘦。大家更关注的，实则是美丽背后的功能性：穿搭小窍门、有趣的故事、护肤心得、厨艺提升技巧……当他们意识到你的美丽能提供价值的时候，他们才会对你这个人有兴趣，想要了解。

这就是为什么那些仰之不可得的“高岭之花”，最终摘下他们的，都是普通美人而不是什么绝世美人的原因。

你疑惑不解，甚至会生气：她是长得还不错，但我男神那么好，喜欢他的人那么多，他明明有更优选项，为什么偏偏是她？

以此类推，你会发现身边有些女孩，谈不上很好看，但异性缘格外好，哪怕一时恋爱不顺，很快也能找到优质男替补，她们最后往往都嫁得不错，让人又羡慕又费解。

我身边就有这样的例子，众多好友里，老杨的桃花最多。她实在不算很美艳，方脸，高个头，妩媚稍显不足。相比之下，同宿舍的系花就娇得多，五官精致，被我们叫作“小佟丽娅”。

从读书那会儿开始，老杨就有很多追求者，图书馆结伴的学长、篮球场遇到的体育生、社团活动里的校友、兼职认识的上班族……这些人乐于献殷勤，总往宿舍楼下跑，一来二去，系里就有些风言风语：老杨挺厉害啊，长得就那样，倒很会拿捏男人。

老杨最后嫁了个大老板，身家不菲，同学聚会的时候，系花半是嗔半是酸：“看看老杨，再看看我自个儿，真是白浪费这张脸了。”

昔日的“小佟丽娅”依然美貌，却并没有如她自己所料的那样，凭美貌跻身豪门。

老杨也诚实：“要说好看，我不如你，也不如很多人。”

但是，要那么好看做什么？你有七分美貌，能展示出七分的实用性，那已经很难得。相反，倘若你有十分美貌，却只是花瓶，徒有两分的观赏性，那人家当然不愿为此买单。

美貌够用就行，它没有最高级，不必为此费上全部心力。如果一定要焦虑，与其焦虑怎么让苹果肌更饱满、让发际线更漂亮，不如思考怎么把现成的姿色发挥出最大功效。

要知道，美是带着功利色彩的。种地的人觉得春雨格外动人，因为这场雨能带来丰收。在婚姻上也是如此，你出售美貌，对方付费下单，难道真的只为买乌发红唇？不，那些标价的背后，其实还包含美貌的附加值：学历、能力、情绪价值等。

很少有人会把女性当成彻头彻尾的艺术品，来欣赏或收藏，即使这个女性非常美貌，她依然是“商品”，要被讨价还价，计较性价比。所以你会发现，在男性视角下更受欢迎的女性，她们除了能提供美貌，还很擅长展示美貌之外的卖点。

我并不是在物化女性，女孩们从来就不应该被品头论足，而应该活得舒展而随性。但是，如果有人试图以美貌为筹码，去赤手空拳地博弈，那我不希望她们走弯路，不要把精力用于描眉画眼。没有人最美，永远有人更美，美貌本身其实不怎么值钱，越单一的美貌越是如此，哪个花花公子身边的女伴不是换了又换？

值钱的是美貌附带的价值。

就像老杨，五六分的美貌，但她从没有想着动脸，而是提升综合实力。比她娇柔的，不如她精明能干；比她年轻的，不如她人脉丰富；比她隐忍吃苦的，又不如她活泼大方。如此这般，哪怕她长相不是满分，性价比却是最优。

我们总想着占点容貌上的便利，但谁都不傻，怎么会白白把好处奉上？男性在审美这件事上，显得尤其功利，一个美得像女明星的女孩，如果不工作、没存款、年纪稍长，他们照样嗤之以鼻。因为美貌的可替代度太高了。

所以，女孩们不如停止对脸和身材的折腾，转而想想，有哪些技能可以钻研，作为美貌的配套组件。

美得无与伦比，是不切实际的目标，在这条路上，很多努力可能都是无用功；美得有深度、有厚度，才是最好的策略。

我们小时候都听过这样的比喻吧？每个女孩都是一只茧蛹，要熬过貌不惊人的时期，蜕变成蝴蝶，绽放属于自己的美丽。

这比喻其实很值得深思，蝴蝶在破茧之前，难道不好看吗？她偷偷熬过不为人知的痛苦，流过无数眼泪，长出翅膀，换上粉彩，和从前的样子大相径庭。但她躲在茧里是得不到赞美的，只有当她飞出来，让世人看到她穿梭在花丛中，才会得到喜欢。

有谁会喜欢茧里的蝴蝶呢？美而无用，那就等同于不美。

《聊斋》里还有另一个关于美貌的故事：刘子固爱慕阿绣，辗转反侧而不得，有个狐女趁机化作阿绣的模样，与他相会。刘子固得知实情后，惊惧不已，狐女被他戳穿，倒也大方，撮合了他和真正的阿绣，刘子固这才消除忌惮，将她奉为恩人。

狐女一直热衷于学习阿绣，努力让自己幻化得更美，连小酒窝这样的细节都不放过。但她不知道，刘子固对她们的态度，并不是取决于谁更美。

阿绣不过凡间女子，姿色能胜天仙？但那张皮囊背后，附赠的是贤惠持家、生儿育女、举案齐眉等美德。

我若是狐女，才不会对着铜镜瞎琢磨，就该露点真章让刘子固瞧瞧，我能行凡人不能行之事，家有一狐，如有一宝，何愁他不买账？

不去迎合任何人的审美，就能收获外貌自由

*

*

如果你曾留心，就会发现身边越是公认的美人，
越是不服从美的“规则”。

任何人都不应该成为美的权威，
也不具备指导你的资格。
你就是你，你只有不去迎合任何人的审美，
摆脱外界对美的通俗定义和绑架，才能收获外貌自由。

“你们女生真的很难懂。”

被老同学叫出来吃饭，他愁眉苦脸，一问之下才知道，这位直男又把女朋友惹毛了：吵架、赌气、道歉，然后拉黑，依然是熟悉的套路、熟悉的味道。

“我真搞不明白她为什么生气。”他老老实实还原了事故发生现场，“我们出门逛街，她穿了一件新衣服，问我好不好看，我说那件吊带裙显得她胳膊粗。她立刻就翻脸了，说网友都这么穿，还说什么自信就是最美，什么外国人身材再虐也穿吊带，什么想穿就穿，她有穿衣自由。”

他见状不好，连忙安慰她，表示她爱穿什么都可以，他就是随口说说。但女朋友已经没有逛街的心情了，拿出手机给他看网上各种小姐姐穿吊带的图片，并一条条念评论：“小姐姐很可爱哦”“小姐姐一点也不胖，肉肉的才可爱”“男朋友竟然觉得不好看，哈哈，大直男审美”……

我们都见过他的女友，个头娇小，嘟嘟脸，又可爱又元气满满。客观来说，她穿那件吊带，确实比较暴露身材缺点。

“她爱穿什么都行，但我说的是真话啊，”他无奈地总结，“她不听我的真话，但又很听网上那些乱七八糟的网友们。明明瘦一点更健康，却被什么拒绝身材内卷洗脑；明明不化妆也好看，却相信什么可爱在性感面前一文不值。”

他唉声叹气，我连忙劝慰他，他的女友并非个例，也不是无理取闹，只是不知不觉被别人带偏了。

很多女孩本身对美没有概念，更谈不上焦虑或内卷，但她在工作、生活或恋爱的圈子里，会接触到很多同性，性别带来的共鸣感和亲密感，是哪个男朋友都无法取代的。

那些同性会自然而然地成为她的引路人，从穿衣风格到口红色号，她自己原有的关于美的全部认知和理解，都会被打碎，然后重建。

在这个过程里，有的女孩会认识和了解自己，坚持做自己；有的女孩则会亦步亦趋，被恶意或善意裹挟着，遭受外貌暴力而不自知。

女孩们有多在乎同性对自己的外貌评价呢？

我认识一个美妆博主，粉丝近百万，广告接到手软，这当然离不开美貌的加持。她身材高挑，既不是时下流行的骨瘦如柴，也绝非丰腴，匀称而窈窕，配上一头长卷发和鹅蛋脸，很有几分香港女演员的风采。

毫不夸张地说，每一次再遇见她，我都有惊艳之感。她当然也深知自己的美貌，时常在网络上晒美照，发些小视频，以此作为涨粉的工具，毕竟谁不爱看美人呢？

但她很快发现一件有意思的事，除了粉丝夸赞，还总有一些陌生人涌到她的社交平台下吵嚷："不会只有我一个人觉得博主长得一般吧""建议博主做做美白项目，黄皮不太适合港风妆容""博主的穿衣品位真的普通”。

她起初还挺生气，一个个去翻那些留言的主页，后来习以为常，渐渐琢磨出味道了：她算是公认的美女了，现实生活中很多人追捧，从小到大也不缺自信，但即便这样，三不五时地被这些留言洗脑，她偶尔也会怀疑自己，我不会真的普通又自信吧？我要不要试着美白？

她感慨道：“我算是明白了，为什么会有那么多女孩子跟风整容，这种外貌批评像洗脑一样，真的很容易影响人。”

“你穿高跟鞋更好看”“你不适合这个口红色号”“方领裙已经过时了”……类似的话语是不是很常见？看似没有恶意，却无时无刻不在绑架女孩们的外貌自由。

而且这种绑架往往发生在同性之间，出于“雌竞”的嫉妒也好，出于爱屋及乌的模仿也好，我们不自觉地喜欢对其他女孩进行指点，大到容貌体型，小到妆容配饰，哪怕是出于好心，其实也是一种居高临下的暴力。

尤其是掺杂了个人情绪以后，这种暴力很容易误导当事人，让她从里到外对自己不自信，产生容貌焦虑和身材焦虑。

这就是一种霸凌。

不同于大美女，普通女孩们在成长过程中缺少自信，也缺少对美的认识，一旦有同性倚仗年龄优势、行业优势或外貌优势对她品头论足，她很容易屈服，并愿意开启漫长的实践。

然而在这个实践过程中，不是所有落在她身上的意见都合理或适用，有些可能是中伤，她如果不能分辨清楚，没有形成坚定的自我肯定，一味迎合外界的审美，就会落入陷阱，再也找不回属于自己的美。

事实上，如果你曾留心，就会发现身边越是公认的美人，越是不服从美的“规则”。

那些规则都是人造的，是无数追求美的女孩们，从前赴后继的摸索里总结出的经验，但有人就是弃之不用。

什么流行色，什么黄金比例，她们不关心自己是单眼皮还是双眼皮，也不理会黄白皮和冷白皮的差异，她们穿衣打扮都只凭个人喜好，任凭其他女孩恨铁不成钢地惋惜，或是苦口婆心地建议，她们听听就算了，从不上心，坚持做自己。

这样的女孩，即使五官没那么精致完美，但她绝对有属于自己的味道和光彩。

GiGi 是职业模特，这两年在业内渐渐有了名气，每天都有粉丝跑到她微博下告白，夸她气质清冷，又赞她身材瘦削，披块麻袋都比别人有高级感。有时候她参加综艺活动，和男明星传出点捕风捉影的绯闻，粉丝们都哭天喊地，一个个嚷着男明星不配，让小姐姐独美。

“我长什么样，我自己还不清楚吗？我可不会被他们洗脑。”GiGi 把这当笑话讲给我们听，她说，“我天生就长这样，以前流行什么甜妹、御姐，可没有谁说我气质好。那会儿还有人劝我整容呢，笑话我是‘太平公主’，我才不管他们。”

这些粉丝大多是女孩子。有意思的是，男性反而不会如此细致地对女生品头论足——当然也有，但我们并不在乎，也不信服，因为对女性而言，男性在审美这件事情上不具备权威性，所以也就不具备发言资格。

可惜的是，这种心态碰到同性身上就不成立了。每个女孩都喜欢以己度人，站在自己的审美点上，热情到过分，为另一个素不相识的女孩出谋划策，而那个女孩收到反馈后，会习惯性地反思自己。

试想一下，你在朋友圈发了漂亮的自拍，有小姐姐留言说“这件裙子衬得你肤色有点暗”，你当时的好心情是不是一扫而空？虽然你暗暗在心里辩解“也挺好看的”，但你下次打开衣柜时，会潜意识地避开那件连衣裙。

你看，来自同性群体的评价，真的会无声无息地影响我们，但如果你选择盲从群体的审美风向，也并不是万无一失的，它随时在变，你便需要随时推翻自己的审美，一次次重塑。

这个过程很累，也极具伤害性，每次跟随外界的标准来调整自己，都是巨大的精神内耗，费时费力。

任何人都不应该成为美的权威，也不具备指导你的资格。你就是你，你只有不去迎合任何人的审美，摆脱外界对于美的通俗定义和绑架，才能收获外貌自由。

PART

TWO

2

爱情
最好是月亮

*

你对着月亮走很久，好像很近了，

其实它还隔在云端，只是假装朝你亦步亦趋；

你努力想去捞月亮，合上手掌，好像捉住了，

其实它仍高不可攀，只是假装向你俯首帖耳。

月亮，只是一种浪漫的投射，你的爱情也应当如此。

爱情是什么？

培根说，爱情常是喜剧。

我们主动相爱，很多时候，就是因为贪图快乐：他的笑容点亮了那些平凡的日子；他的陪伴让所有旅行和景点变得有意义；他的随口一句话，能放置心上很久，酿成甜蜜的青春。

但是快乐里其实也会有悲伤，比如白头到老的誓言，往往会落空；比如相见恨晚的绸缪，慢慢在消退；比如见异思迁的故事，永远无止境。

杜拉斯说，爱是疲惫生活里的英雄梦想。

我们渴望浪漫，渴望在这座城遇到谁，然后追上去，询问姓名，开启故事，因为你看到他行色匆匆之下，燃烧着与你相同的热焰。你需要抓住他，以心跳，以泪水，以争吵或拥吻，来抵抗生活的烟熏火燎。

但是浪漫里其实也离不开现实，一屋两人，三餐四季，当爱情过渡到婚姻，柴米油盐酱醋茶就全部摊在了眼前。

张爱玲说，爱是时间的无涯的荒野里，没有早一步，也没有晚一步，刚巧赶上了。

我们相信缘分，天时地利人和，才堪堪成就一段花好月圆。有的人很好，但你偏偏不喜欢；有的感情铭心刻骨，可惜兰因絮果；有的心动细水长流，等到蓦然回首，悔之晚矣。

但是缘分里其实也藏着努力，千万次的擦肩只为换得回眸，如果真的邂逅所爱，哪怕隔着山海，倾尽余生也要一试，明知是错，绝不躲。

你看，爱是实用品，是消遣品，也是奢侈品。

但我想，爱情最好是月亮。

月亮多情又绝情，多变又不变，多心又无心。

你对着月亮走很久，好像很近了，其实它还隔在云端，只是假装朝你亦步亦趋；你努力想去捞月亮，合上手掌，好像捉住了，其实它仍高不可攀，只是假装向你俯首帖耳。

月亮，只是一种浪漫的投射，你的爱情也应当如此。

那个人是错的，
但那段关系是最美好的曾经

*

*

前任也曾是对的人，

是你的青春，是你的社交圈，也是你的恋爱教材，

哪怕有可能是反面教材，但也会助你奔向更好的人。

你过得幸福也好，落魄也罢，

总会在生活的碎片里，恍惚想起过去，

而那个人，

就是那段过去的点睛之笔。

有人说，一个合格的前任，就应该像死了一样，不要再出现，更不要再有交集。

真的是这样吗？

前任也曾是对的人，是你的青春，是你的社交圈，也是你的恋爱教材，哪怕有可能是反面教材，但也会助你奔向更好的人。

我始终记得二十岁时候的那个前男友。

回想起来，不过是最普通的校园爱情，只记得故事的开头猝不及防而又美好，和女生宿舍楼下的白玉兰有关，和马路边一盏一盏亮起来的路灯有关，和咖啡馆顶灯投下的美丽晕影有关。

后来，故事戛然而止，充斥着俗气的争吵和疏远。在那天下午，我拿起手机反复犹豫，想着要不要干脆利落地分开，这时候，手机响了，他发来短信说："我们各自冷静一阵子吧。"

我清楚地听到，窗外鼓噪的蝉鸣一下子静默，夏天就此结束。

如果是现在的我，当然能够冷静面对，毕竟分手只是小事，谁先开口并不重要。但二十岁左右的我咬牙切齿，把前男友视作洪水猛兽，电话拉黑，礼物退回，在路上远远见了也掉头就走。我甚至对共同的好友放话："以后别联系了，我不想从任何人嘴里听到他的消息。"

为了什么呢？大概是为了身体力行地证明我也同样不爱你了，我绝没有纠缠留恋的意思；是为了给旁观者一个洒脱的印象；也是为了和自己的虚荣心较劲，凭什么是你来说分手？我要让你后悔，让你明白自己失去了一个多么好的人。

小说和电视剧里不都是这么演的吗？女主要毫不犹豫地转身，最好消失在茫茫人海，等到男生后悔，乞求原谅才有意思呢。

这种微妙的计较，也许少年人都曾有过吧？

我们对前任死守严防，在很大程度上，是源自浅薄的虚荣心。其实，我对你没有深仇，也没有厚爱了，做朋友不是不可以，是我想最后摆一次架子，这样才显得我在感情里没有输，不是弱势的那一方。

事实上我很后悔，因为这个前男友，我失去了很多本可以拥有的快乐，比如我们在同一个社团，我只能硬着头皮退出，放弃了自己的兴趣和一大群好友。多年后，有老同学还在耿耿于怀："你那时候怎么回事啊？莫名其妙就消失了。"

哪有什么不共戴天的事呢，小女生的矫情罢了。

当然，前男友之所以尴尬，还因为你的现男友。

有些姑娘可以心平气和地分手，也可以若无其事地继续做朋友，但她们招架不住现男友的介意——说来奇怪，大部分男性在爱情里都恋旧，却偏偏介意女友有前任，或许，正是他们自己喜欢藕断丝连的把戏，所以将心比心，很明白有些前男友的以退为进，这才忌惮女友回头联系旧人。

而女生们呢，未必有什么破镜重圆的想法，把男友变成了朋友，为照顾现任的心情，只好朋友也不做了。

我认识雅子的时候，她就正在为前男友焦头烂额。

这对情侣分手很体面。他们算少年相识，一路走来，眼看着彼此从花样年华变成大人的模样，早已不仅是青春期的悸动，还有朝夕相处的默契和风雨同舟的陪伴。

分手的原因也很简单，大家心照不宣，“那张脸太熟了，已经没有亲下去的想法”。雅子说，他们很心平气和地谈了一次，然后决定分手，因为余生太长了，双方都不想继续装聋作哑地糊弄下去。

他们依然有来有往，因为还有事业上的合作，两人联名开了工作室，雅子漂亮活泼，拍些甜宠小短剧，在平台上反响不错，也算有名有姓的小网红。她只负责出境，拍摄、剪辑、推广和运营基本都是前男友在打理，她并不猜忌他，他也赤诚待她，分手以后从未有什么经济纠纷。

雅子很快新交了男友，是年轻的小弟弟，热情而幼稚，总为了她的前男友生气，次数多了，两人就开始吵闹。闹到最后，还是雅子退步，拿了钱和前男友拆伙，把经营多年的短视频账号停了。

前男友劝她：“你的事业正在上升期，停了可惜，我可以去向你男朋友解释，咱们就是工作伙伴。”雅子也犹豫，但男友从疑神疑鬼到冷战，再到放狠话，让她觉得错的人似乎是自己——没有人能够忍受女朋友和前任联系吧？她既然放下了过去，终归要做取舍的。

就这样，她把前男友连同他的资源一起割断了。后悔吗？看到前男友的事业蒸蒸日上，她或许有过遗憾，有过落寞，也有过后悔吧。

除非前男友予你至悲至痛，实在是不堪，否则，你没有必要避前男友如蛇蝎。

现实中，哪有那么多念念不忘的白月光，或是车祸、流产、意难平，更多时候，我们的爱情就只是平平淡淡地结束了。

因为毕业、异地、父母、买房子等诸多柴米油盐的现实，我们唏嘘而又理智地告别，很快又遇到新的人，开始新的生活。

你过得幸福也好，落魄也罢，总会在生活的碎片里，恍惚想起过去，而那个人，就是那段过去的点睛之笔。

聪明的姑娘都不会避开前任，更不会担心现任介意，相反，一味地否定前任存在，才是做贼心虚和不理智。

柳如是就是一个很好的例子。

柳如是色艺双绝，是秦淮八艳之一，在嫁给钱谦益之前，和不少江南才子都谈过恋爱，最有名的当数和陈子龙的一段情。他们曾经爱得高调而甜蜜，写过很多情诗，也秀过很多恩爱，但最后还是分手了，因为陈子龙没法迎娶一个妓女进门。

柳如是饱受情伤，但她从没有避讳或者诋毁过陈子龙，正是因为和他交往，她才从一个不知亡国恨的商女成长为一个爱国奇女子。

她和他依然是朋友，书信往来，共同在反清复明的道路上奔走，柳如是甚至还撮合钱谦益和陈子龙认识，促成两人合作。

其实，不用刻意去遗忘前任，就把他静静放在心里的某个角落吧。恋爱结束了，但回忆是永恒存在的；那个人是错的，但那段关系是美好的曾经。

把前任偶尔翻出来想念，有何不可呢？不是因为现任不好，也不是因为你旧情难忘，只是时光如流水，匆匆不回头，每个爱过的人，都像一张老照片，他们身上封存着少女的青春啊。哪怕无法继续相爱，也可以换种方式，让关于青春的记忆保留。

分手以后，即便不再做朋友，也可以当个人脉，这才是成年人的圆融和智慧：没有必要和一个爱过的人撕破脸，那个人明明可以是你一地鸡毛里的念想和回味，可以是你往上走的阶梯。

与其把他当亡人，不如把他当成你年少刻舟求剑时的那艘船，有了它，才更懂今时今日的自己。在某个天气晴朗的午后，大家出来见个面，不谈风花雪月，哪怕吃顿便饭，就已经是一场让人愉快的怀旧了。

不是所有的爱情都纯粹，
掺杂了欲望的爱情也是爱情

*

*

你看，爱一个人，

有时候就像是一本万利的投资。

当然，这里面有犯蠢的，但也有很多女孩是投资失手了。

她不是蠢，也不是为男人要死要活，

只不过是买了一支回报率极低的潜力股。

我曾经以为这是爱情，

后来才明白这是一个女性的野心。

很多爱情都是投资。

最近，朋友圈里很是热闹，因为一对恋爱长跑多年的朋友分手，而且分得非常不愉快，双方各执一词，爆出了许多秘密。

我这位男性友人事业小成，当然，在发迹之前，有过一段落魄光景，那会儿，连他爸妈都不甚搭理他，因为恼恨这个儿子不听话。偏有个跳舞的小姑娘，爱慕他满身才华，嘘寒问暖间，成就了爱情故事。

他倒也争气，自己折腾着开公司，如今规模不小，手底也养着一票人，鲜花和追捧接踵而至，人前人后都是一派儒雅。没想到，小姑娘却和他闹翻了，把从前的旧账翻出来，当众抖得干干净净：她毫不吝惜地花钱，给他买衣服、买鞋；她辞了工作，给他当保姆、后勤和免费工人；她默默地忍受父母的反对，为他受尽委屈，把自己伤得体无完肤。而他呢，仿佛厌倦了旧人，在花红柳绿中游走。

小姑娘手撕渣男，甚至贴出了两人的聊天记录，男方自然也反击，道出许多不为人知的恋爱细节。大家看得义愤填膺，怎么能不生气呢？人家小姑娘花样年华，事业正好，只为你，甘愿洗手作羹汤，费钱费力还费时，就算犯过错，你连名分都不愿给了，实在薄幸。

渣男固然可恨，这桩闹剧背后，却有更值得深思的意味。

人人都说，小姑娘何苦要放弃工作，甘愿做他背后的女人？自己搞事业不香吗？其实，男人不可靠，如今的女孩们早已经深谙这点，她们比网友更明白爱情的变幻无常，大道理讲得比谁都透彻。

那她为什么还是犯错呢？

在我看来，这不是犯错，而是很多女孩必经的爱情之路——我爱你，这爱名为“奇货可居”。

难道她不知道靠自己更稳妥吗？可是太难了呀，她一眼就能看到自己的人生天花板：学历不高，家境普通，又毫无人脉，说是舞蹈生，但不是什么天赋型选手，耗尽全部努力也没甚成绩，何时能熬出头呢？她这样的舞蹈演员，在本地太多了，她清醒着，所以宁可找一个男人来投资，也好过白白跟自己较劲。

什么？你说这个男人最后翻脸无情？她运气确实不太好，但这个选择并不愚蠢，想想看，她其实成功了不是吗？亲手打造了一个公司总裁，哪怕最后闹得难堪，所获的利益和名声也是从前望尘莫及的。

你看，爱一个人，有时候就像是一本万利的投资。

谁都知道“不要下嫁”“远离扶贫式婚姻”“嫁人别嫁凤凰男”，但世上哪有那么多如意郎君？好物永远不会滞销，择偶也是如此，对大部分女孩来说，她们能挑拣的对象有限，要在这些人里面，综合感情、经济、品性等要素，再选出一个最适配的答案，整个过程都有赌的成分。

就像老歌里唱的那样，“梦如人生，试问谁能料，石头他朝成翡翠。”人世翻覆尚且如此，充满未知的苦与甘，更遑论爱情？所以，每每目睹遇人不淑的故事，看客们总有些恨铁不成钢，要戳着女孩的痛处骂：你为什么恋爱脑？没有男人会死吗？你图他什么？

当然，这里面有犯蠢的，但也有很多女孩是投资失手了。

她不是蠢，也不是为男人要死要活，只不过是买了一支回报率极低的潜力股。

我记得少时爱听《红鬃烈马》，那是很老掉牙的故事了。相府千金王宝钏，不嫁王公贵族，偏选中乞丐出身的薛平贵，跟着他吃糠咽菜，苦守寒窑十八年。更让人唏嘘的是，薛平贵一朝富贵，做了西凉的王，后又自立为帝，迎王宝钏为皇后，而她只享受了十八天的尊荣，随即不明不白地死去，只落个福薄的名声。

多少人曾替王宝钏不值，半生韶华尽错付，千挑万选却嫁了负心郎。但易地而处，这是王宝钏的不二之路，哪怕她知道结果，她还是会选择薛平贵。

我曾经以为这是爱情，后来才明白这是一个女性的野心。

她要的从来不是举案齐眉——如果只是想过得舒心，她嫁谁不行？相府千金，要配个一辈子捧着她、哄着她的郎君很容易，但她不要这些。她要人上人的显赫；要妻凭夫贵的佳话；要逆袭而上，打所有看客的脸。

你看《彩楼配》这折戏里，王宝钏是这么唱的："夜梦红星事有准，莫非应在了此人的身。”她梦见斗大的红星坠落在闺房，自认是吉兆，思来想去，她一个女儿家无法博功名前程，这岂非暗示她能嫁人中龙凤？

她生在相府的锦绣丛，怎会甘心嫁凡夫俗子？她大姐嫁了户部尚书，二姐嫁了兵部侍郎，这个少女的内心未尝不焦灼，她的欲望只会比两个姐姐更大，要想实现也更难，除非她给皇帝当后妃，牢牢压姐妹一辈子，但太后收她做了义女，绝了入宫的路，她这才胆大心细地上了赌桌。

她不是随便挑中薛平贵的，“看他不像受苦人：两耳垂肩贵相品，龙眉凤目帝王尊。”她就像一个赌徒，笃定这个男人将来会飞黄腾达，所以甘愿忍受清贫，甚至与父母决裂，随他入寒窑——她不得不如此，买定离手，前期投入越大，后期回报越丰厚。

时至今日，依然有人为王宝钏鸣不平，但我想，在她自己看来，她的一生是求仁得仁，虽说只做了十八天的皇后，但这十八天，是天下女子都望尘莫及的机遇。再也不会有谁嘲笑她相府三千金婚事落魄，只会赞她慧眼识珠。

王宝钏不是第一个把婚姻当投资的女孩，也不会是最后一个。谁说爱情里不能藏着虚荣呢？有人视爱为珍宝，有人视爱为粪土，当然就有人视爱为筹码，博个现世安稳。

有人大概质疑，这还是爱吗？她分明是待价而沽，把可望不可即的未来，托付在他身上。

《红楼梦》里，宝姐姐也是待价而沽，才将一颗芳心落在贾宝玉身上，把他当成入宫不成的备选。但也不能说宝姐姐无情，宝玉挨打那回，向来冷静自持的她不也心疼？宝玉出走，她独守空闺半辈子，教儿子光耀门楣。

不是所有的爱情都纯粹，掺杂了欲望的爱情，也是爱情。

我并不是鼓励所有的女孩都去拿婚姻博弈，或者怂恿女孩放弃一眼望到头的岁月静好，去赌不可知的未来。再厉害的赌徒，上了桌，都得承担输到精光的风险，这个过程并不好受，运气糟糕的话，你选中的男人还会带来灭顶之灾。

但我们不能因此嘲笑这种爱情观，也不能拿失败的结局来讥讽女孩心比天高，或是责骂她识人不明。

上嫁要吞针、攀龙附凤要吞针、豪赌要吞针，但有的姑娘宁愿吞一千根针，也不肯一屋两人三餐四季地过日子。

那都是甲之蜜糖，乙之砒霜罢了。

不要苛责，爱情里亦有虚荣，把少女的心动当成孤注一掷，亦是个人选择。若她赢了，光鲜里自有风雨磋磨的辛酸，担得起旁人送上鲜花与艳羡；若她输了，当然要独自咽苦果，看客们唏嘘几声也罢，实在不必嘲讽。

月光不会奔你而来

*

*

在爱情里，矜持并不算美德。

你爱他，就要主动走向他。

天边只有一轮月亮，

那么多少女甘愿为之守候，

你不邀月，它缘何只奔向你呢？

“我当然不会试图摘月，我要月亮奔我而来。”

奥黛丽·赫本的这句话，被许多女孩奉为金科玉律，尤其是在面对爱情时，她们都异口同声地说：爱是月亮呀。

爱是月亮，不是实用品，所以它高高挂在天边，让你仰之弥高、钻之弥坚。而你爱慕的那个人，如同月色下的一树花，白华绿叶，谁都可以去攀折，但你绝对不可以，你一次次从树下经过，期待落花拂肩，香气侵衣，入你怀中。

太难了，难怪大家口口相传：前世回眸五百次，换来今生一次擦肩而过。如果我们只是等，那更是难上加难，爱情不会像熟透的苹果，在某个刚好的时机，从枝头奔向你。

说来说去，主动才会有故事。

我经常收到很多私信，有些情窦初开的小姑娘，会患得患失地试探：“他到底喜不喜欢我”“我主动给他发微信，他会不会觉得我廉价”“我这算女追男吗”……那些五花八门的纠结，其实都在说同一件事，她们芳心暗许，喜欢上那个人，而那个人没有反馈出同等的热情，这让她们进退两难。

进，她迈不过心里的失落感，她不愿意去承认：在我已经为你辗转反侧的时候，你并没有对我另眼相看，所有心动，都只是我的独角戏。

退，她又放不下货真价实的悸动，第一眼就看中的人，怎甘心轻易又把他放回到人群中去？

每次遇到这样的境况，我都鼓励那些小姑娘：喜欢就去追！

他为什么不给我打电话？他为什么回复得不是很热情？他为什么没有给我的朋友圈点赞？很简单，他还不喜欢你啊。

连最傻白甜的电视剧也会告诉我们，爱情的发生是不同步的，哪怕帅气多金如男主角，一眼爱上女主，女主也不会立刻燃起爱火，需要天长日久的相处和考验。

对我们来说，最理想的爱，当然是你中意对方，对方也对你有情，但这种天时地利的缘分，在现实中发生的概率其实很低。

你爱他，就要主动走向他。

我听过最可惜的故事，也是来自后台私信。

有个姑娘说，她刚参加完同学的婚礼，新郎是她暗恋多年的人，新娘她也认识，是同院的小学妹。

她实在想不明白，为什么他最后选了这样一个人。因为在她看来，他太好了，从头到脚都在发光，从新生入校军训开始，他就始终是女孩们的热门话题：帅气、聪明、能干、高冷，每个和他有关的标签，背后都藏着一个少女的爱慕。

小师妹不是不好，可是他的选择有那么多，他到底喜欢她什么呢？那个姑娘耿耿于怀，试图从蛛丝马迹里找到答案，而小师妹似乎知道，自己的新郎是很多女嘉宾的白月光，她很大方，在新娘发言时坦承：“你们一定很好奇他为什么娶我，我也很好奇，我问他，肯定有很多女生追你吧？你怎么选了我？他说，只有我追得最勤快，在任何他需要的时候，我好像一直跟在他屁股后面。”

现场发出善意的笑，姑娘笑着笑着，眼圈就红了，说不上是释然还是遗憾。

她在心里忍不住幻想：要是那时候，我能够更主动一点，今天在他身边的人，未必不能是我。可是，当时少女的自尊心是多么脆弱，又多么庞大啊。当他没有及时地回复微信，当他拒绝了吃饭的邀约，她就没有勇气再坚持了，深恐自己的不识趣招来对方厌烦，也害怕自己为爱昏头，把尊严踩在脚下，摇尾乞怜而不自知。

这没什么意难平的，毕竟他定有过人之处，才教女孩们念念不忘。

他或许是校园里穿白衬衫的校草，是公司里英俊的上司，是偶然一面的男神，周围有太多爱慕了，那些爱慕将他镀金成“神”。

他不爱你，所以能够无动于衷，端坐莲花台。要不怎么说先动心的人容易受伤，因为这段追爱之路不好走，但只要你勾起他七情六欲，让他为你倾心，他的爱便为你所独有。

在爱情里，矜持并不算美德。

我们常常惶惑，女孩在爱情里是否不宜太主动。事实上，判断主动的标准并不是谁联系谁、谁约谁，而是想不想要推进这段关系；或者当这段关系遇上问题，有没有积极地去解决问题。

他表现得没有那么热络，是因为他根本没有动心，是你先入爱河，当然要你先出招，拉着他一起下水。如果你们建立关系以后，他依然被动，那才要讨论尊严的问题。

天边只有一轮月亮，那么多少女甘愿为之守候，你不邀月，它缘何只奔向你呢？

于是，奥黛丽·赫本又说："可是月亮奔我而来的话，那还算什么月亮。我不要，我要让它永远清冷皎洁，永远都在天穹高悬，我会变得足够好，直到能触碰它。"

因为她是奥黛丽·赫本，那么久了，电影圈也只有一个奥黛丽·赫本，所以她可以坐等男神主动下凡。即便如此，她还不稀罕，她说要把自己变得更好，要自己动手去摘月亮。

这番漂亮话，我们听听就罢。对大部分女孩而言，时间成本是很珍贵的，我们没有那么多机遇来蹉跎。尽管我们都被教导着"把自己变得足够优秀，才能遇到更好的人"，但你会发现，当你耗费许多时间，真正能接纳和欣赏自己的时候，你的月亮已经落入别人囊中了。

爱人毕竟不同于月亮，月亮永远在那里，你可以花一辈子的时间靠近；而爱人是会被别人抱回家的。你尚且在踌躇，想着让自己更好，才能匹配你的月亮，而早就有人捷足先登，冒失而又勇敢地冲上前了。

“足够优秀”本身就是个伪命题，你到底哪里不够好？只是近乡情怯，爱天然会让人自卑，照得自己哪儿都是缺陷。你以为你挣得更多、学历更高，就能匹配了吗？他在你努力的时候，难道止步不前吗？

男神之所以永远是男神，因为他正如吊在驴子眼前的那根胡萝卜，永远馋着你。

不要想着准备好了，再去爱一个人，太迟了。你没有发现吗？市面上所谓的“剩女”们，都很优秀，因为她们花了很多时间来提升自己，从外貌到工作，再到经济自由，可是等到她们终于能够认可自己，能够坦然地追爱，市面上的好男人早就被收割完了。

当然，在爱这件事上，男女都一样。

我以前最爱看民国那些才子佳人的故事，每次读到费孝通，多少都觉得唏嘘。他不优秀吗？精通社会学、民族学、人类学，也是著作等身，但他觉得自己不够优秀，明明喜欢杨绛多年，却连表白的勇气都没有，只敢虚张声势地对着那些追求者说：要想追杨绛，得先过了我这关。

他大概是自卑吧，自己性格内向，在人群中也不亮眼，而她呢，以洋囡囡的绰号闻名全校，据说追求者有孔门弟子七十二人之众。他始终围着她打转，跟她考同样的大学，还没等他变自信，她就遇到了钱钟书。

在才子佳人的爱情传奇里，他沦为一个不起眼的配角。

爱是不自由的自由，是不强求的强求，如果你要做追月亮的人，你就不能止步原地。

我爱你是真的，
不爱你也是真的

*

*

谈恋爱是要带上预设的，

你要明白爱情是个多么狡猾

又多么不讲道理的 NPC（非玩家角色）。

要去爱，但不要相信爱，

它是有时限的，顷刻能翻脸。

我始终不能忘记，第一次读到灰姑娘的故事，深深为她担忧的心情。故事听起来美好而浪漫。饱受后母欺凌的小姑娘，因机缘巧合，得到仙女垂青。在王子选妃时，后母抛下她，带着两个亲生女儿赴宴，而她暗中向仙女求助，穿着公主裙和水晶鞋，乘坐南瓜马车，华丽而隆重地登场，只一眼，就俘获了王子的爱情。

少时的我，每每看到这里，都特别害怕——舞会那么璀璨，王子的目光那么痴迷，可是午夜十二点要来了呀，所有美好将化为乌有，她会瞬间回归到灰姑娘。

那个钟声敲响的夜晚，永远留在了我的记忆里，而那只仓促留下的水晶鞋，仿佛童话世界的破绽，撕开了一则真相：

世间好物不长久，翻覆只是顷刻事。

什么都没有例外，爱情尤其如此。

有段时间，网络上流传着一个很火的故事：女生和男友相爱多年，从本科到硕士，他们看着彼此褪去青涩，熬过异地恋，开始谈婚论嫁。女生在男友所在的城市买了房，然后是见家长，挑婚纱，订婚期，只等一场梦幻婚礼，给爱情长跑画上甜蜜的句号。

但就在这个时候，女生发觉了男友的心不在焉。

他依然每天对她嘘寒问暖；依然和她讨论新家的装修；依然会三不五时地准备小惊喜，过甜蜜的二人世界；依然笑话她不该额外买房，显得很不信任他。可是，在这些温柔的碎片里，还夹杂着他对别人的体贴：他多了很多可可爱爱的表情包，他开始频繁和别人聊天倾诉；他在给她带出差礼物的时候，不忘顺便多买一份。

最后击溃那个女生的，是30秒钟。她吹灭蜡烛，闭上眼睛许愿，他在身边陪着，就在那30秒里，别人给他发短信：图书馆停电了，我很害怕。

她说："我不知道他那30秒里到底在想什么，是想着以后岁岁年年陪我过生日，还是担心她在图书馆会害怕。"

他爱她吗？当然，她是他青春的情窦初开，又干净又细腻。哪怕时间消退了最开始的脸红，也仍有濡沫交接的亲密，就像少年时用同一根吸管喝奶茶，淡淡甘味早忘了，但口齿上永远留着温存。

他爱别人吗？也爱，那些密切的分享欲，都超出了普通朋友的边界。他把同样的耐心、体贴和关心，从女友那里复制粘贴给别人，游走在红白玫瑰之间，甚至不自知。他以为，他继续对女友好，就不算辜负，却不知道任何女友想要的，都是他只对一个人好。

你看，爱情分明是好东西啊，点亮整个青春，想起那个人，就让你嘴角泛着笑，但他却能随时爱上别人，就像爱你那样。

我知道另一个故事。

那时候，我还留在媒体行业，认识一个小姑娘，她刚毕业没多久，单枪匹马地来北漂，据说放弃了很好的工作机会，还和家里闹翻了。

她是来投奔自己的爱情的，不，确切地说，是暗恋对象。她暗恋的那个人，瘦瘦高高，留寸头，背着一把吉他在各种校园活动中表演，就像从言情小说里走出来的校草，是所有女生的睡前话题。

她在台下看表演，风把他的白衬衫吹成云朵，然后慢慢飘进她眼里、心里。她说，她的青春仿佛从那一刻才开始。

校草要追逐自己的音乐梦，而她则追逐着校草：翘课去看他的乐队排练，大热天的帮他发活动宣传单，攒钱送他新乐器。他去了北京，签了不知名的公司，她紧随其后，入职给他当助理。

后来，他们在一起了。校草对她很好，为她学做饭，给她写情歌，在房产证上写她的名字，也大大方方牵着她在镜头前露面，仿佛要弥补从前她唱的独角戏。在鱼龙混杂的圈子里，这已然是叫人称羡的模范情侣，但她非常突然地提了分手，即便他们的事业越来越好，校草也苦苦挽留，她还是不为所动，甚至收拾行李，利落地离开了北京。

她在微信上问我：我是不是一个坏女人?

他没有做任何错事，但她不爱了。爱情的消逝猝不及防，就像爱情的发生也毫无征兆。可能是日积月累的嫌隙与伤害，慢慢磨灭所有心动，然后以某件事、某句话为导火线，让那段关系彻底崩断；也可能是没有缘由地放下了，在某个时刻，你对着那张熟悉的脸，恍惚如陌生人，发觉所有情绪都好似被抽离了，再也提不起劲儿。

爱当然是好的，炽热如火，我们在火里体味到温暖，也煅烧出更好的彼此。但说来荒谬，谁也不知道这把火能燃到何时，或许一下秒，它便冷却为灰烬。

我爱你是真的，不爱你也是真的。

我常常在想，很多时候，我们关于爱情的痛苦，都是源自一种片面的认知：爱是世间至美，是永生花，是诗。

不，爱是有缺陷的，它变幻无常，又喜新厌旧，还有得陇望蜀的毛病。无论男女，人对异性的喜欢，并非是精确到一对一，没有排他性，爱情真的会在多个对象身上同时发生，也真的会随时喊停。

所以，当我们在爱的时候，不要因此而痛苦——很多女孩谈恋爱，是一局定胜负的心态，她们尝到了爱情的甜，就顺理成章地认为，这份甜是终身制的，一旦对方抽身，她们的世界便无法运转了。她们痛苦、挽留，甚至自残，带来伤害的除了男人，还有对爱的信念的崩塌。

谈恋爱是要带上预设的，你要明白爱情是个多么狡猾又多么不讲道理的 NPC。它前一秒还和颜悦色，手把手带你体验约会，下一秒可能就翻脸，让你遭遇劈腿。

如果那些不幸和痛都像隐形地雷，可能你不一定会碰上，但你一定要知道，只有这样，当你真的栽跟头时，才不至于哭到怀疑人生。

对大部分女孩来说，我们得到的关于爱的教育匮乏而仓促，要么是言情小说里的浪漫桥段，要么是大人们身体力行的刻板印象。我们懵懂着，又还有些许憧憬，自少时起就被叮嘱，爱需要严肃对待，所以分手、离婚都不是小事，会被拿出来讨论，会涉及颜面。

我们还会被告知，爱是所有诗人讴歌的主题，爱美而神圣，但没有人补充说明，爱也可以是泛滥成灾的，是短暂的。

所以我们根本走不出分手，不相信爱情的消失，也不能接受自己竟然能爱第二次，因而深深厌弃自我。

这些爱的谬论，都曾经折磨过每个青春期里的少女，好似鞋子里的沙砾，隐蔽而痛苦，却又不能公之于众。甚至有些女孩的初恋比较晚，她们纯情而洁白，在职场邂逅人生第一次恋爱，投入全部的信任，跌得更重，伤得更痛。

要去爱，但不要相信爱，它是有时限的，顷刻能翻脸。

每个女孩都应该把自己当灰姑娘，遇上爱情，就如同参加那场盛大的晚会。你可以尽情沉迷，享受公主裙和水晶鞋带来的快乐，坦然接受王子的爱慕，翩翩起舞，游走在所有人的目光里。但你定要牢牢记得十二点，任凭旁人怎么献殷勤，也不能忘了期限。

遇上爱的时候，
我们偏偏对爱一知半解

*

*

爱，不是被动，不是他索取，

我就要给予，亦步亦趋地被带进一段关系；

爱，不是配合，不是他觉得这样好、别人觉得这样好，

我就要去做，耗费许多精力，却没有享受到快乐；

爱，不是失去自己，不是他的喜怒哀乐才叫喜怒哀乐，

你的情绪和感受也很重要。

我始终觉得，在所有爱情童话里，青蛙王子的故事最缺少情味。

漂亮骄矜的小公主，在戏耍时丢失金球，青蛙提出帮忙，但要求和她同衾同食，做她的好朋友。公主应允了，却在拿到金球后反悔，独自跑回王宫，紧接着就遭了国王的训斥，还被赶来的青蛙痴缠。

在争吵中，公主发现青蛙被诅咒的秘密，她献上一吻，让青蛙变回了王子。

故事实在不浪漫，小公主几乎是隐身的，她没有自己的爱和恨，被强行塞进了一段爱情里——她的父王勒令她言出必行，让她和那只青蛙做朋友，他仿佛看不到她失去金球的悲伤，以及被迫和青蛙做交易的惊恐；而那只青蛙则以悲惨的身世，站在道德制高点，求她香吻，予她后位，她全程在被动配合，没有人留意到，这个诅咒不关她的事，不是她的责任。

那个吻，并非小公主的情动，更像是献祭。

我一直存着疑惑，并不觉得这里面有爱情，更遑论浪漫，我只看到了男性凝视。长大后，这种疑惑渐渐变成哀伤，因为我发现这简直是中国式爱情的缩影，很多女性就如同小公主，半推半就地迈进婚姻，喜怒哀乐都不被看见，旁观者还要称赞一声“佳偶天成”。

有的女性过了半辈子还稀里糊涂，为着旁人这句话，苦苦维持恩爱的假象，即便有委屈，都一五一十地咽下去了，不知道怎么诉苦，抑或不知道向谁诉苦。演着演着，最后自己也当真了，觉得日子还算和美，等老来有了儿子儿媳，看见他们和和美美，这才意难平，发现自己半点甜头都没尝过。

有的女性警觉些，既清醒又痛苦，知道眼前的男人和关系都不是自己所求，但却无力挣脱，要么破罐子破摔，要么得过且过，自己并不畅快。在外人看来，自己亦不称职，甚至是不惜福，郁郁寡欢一辈子，到头来可能只落个“活该”。

这样的故事太多了。

我年少时很迷恋小姨，她漂亮能干，有个性，嫁得也好。

所有亲戚都说小姨是享福的命，因为姨父工作体面，收入高，家里条件不错，房子也早早买了。最要紧的是，姨父对她百依百顺，家务活从不让她沾手，孩子接送都是自己来，更没有什么婆媳矛盾，因为姨父乐意当炮灰，夹在中间两面受气。

相比之下，小姨多少有些不知好歹了：结婚几十年，她对家里什么事都不上心，从来没有记住过姨父的生日，也懒得打理对方的财务，每日的消遣就是打牌，然后是买东西，从时令水果到漂亮衣裳，很舍得在自己身上花钱。

她仍然觉得不快乐，因为嫌弃姨父——嫌他不是意中人，不够浪漫，不够体贴，不够知情识趣，总之就是不够，姨父把全部身心捧出来，也是不够。

在小县城，这般做派很另类了，旁人背地里总要嘀咕几声“自私自利”，为姨父鸣不平。而他们的孩子——我表妹，简直要憎恨母亲了，因为在她看来，父亲是家里的顶梁柱，无怨无悔付出了许多，而母亲连个眼神都欠奉，又矫情又任性，活得薄情寡义。

自幼时起，表妹无数次向我抱怨，但随着我们慢慢长大，各自恋爱、分手，又恋爱，她回家看着老去的母亲，又觉得什么都明白了。

五十多岁的小姨会抱着她哭，说一生都很孤独，一生都没有人听她的心里话。

旁人只看到她在婚姻里的洒脱，却看不到她的煎熬。对方几十年如一日地讨好，不是她想要的，反而是沉甸甸的罪名，将她死死钉在这桩婚姻里，众口铄金，将她定性为一个不懂惜福的坏女人。

谁都知道这是一出女性的悲剧，然而你甚至找不到确切的凶手。

小姨当然是懦弱的，在那个年代，不敢反抗父母的安排，也不敢提离婚，就这么在消极抵抗里耗完了自己。但在某种程度上，她也算勇敢，因为我还见过更糟糕的例子。

我大学时候，去最要好的室友家做客，很快就发觉她父母感情不谐。

那是一种近乎别扭的讨好，只要她爸爸在场，她妈妈的目光永远落在对方身上，随时都在嘘寒问暖：菜是不是咸了？要午睡吗？

出门去哪儿，什么时候回？她爸爸则疏于应答，无非是“嗯嗯”几声。

室友替妈妈感到难为情，解释说：“我爸就是这样的人，不爱说话，我妈就比较爱念叨。”

据说她爸妈是相亲认识的，双方家里都觉得行，很快就结了婚。室友偷偷猜测：“我觉得，我妈一开始可能不喜欢我爸这种，我爸比她小，她总让我找个年纪大点的、会照顾人的。”

在她嘴里，爸爸显然特别好，好过妈妈关于另一半的幻想——“我爸不抽烟，不喝酒，工资也交给我妈管，别人家都重男轻女，我爸却没有让我妈生二胎。”

“现在你妈对你爸多好啊，这就是日久生情。”我们嘻嘻哈哈地在背后讨论，这个小家看起来还是温馨的，爸爸负责挣钱，妈妈围着孩子和丈夫打转，虽然传统，也挑不出错。

当时的我们并不懂，那其实是一个女性在婚姻里的自暴自弃。

大学刚毕业，室友就和男朋友领了结婚证，紧接着，她的父母就宣告离婚。

她非常不理解，回家和父母对质，第一反应是质问妈妈：“你为什么要和爸爸离婚？”

其实，是她爸爸主动提的，而她妈妈并没有异议。

眼看着她成家立业了，她爸爸才开诚布公地坦白：他对妻子没有感情，从前是碍于父母之命，后来是考虑孩子，拖了这么久，他不想再继续凑合过日子了。

话说到这份上，她既震惊，又绝望，完全无法想象妈妈的处境，而她妈妈仿佛被脱了一层皮，多年的婚姻生活早就让她麻木了："我和你爸真的过不下去了。一结婚我就觉得他不体贴人，可是你姥你姨都说，他是个好男人，没有花花肠子，日子久了就好了。后来有了你，他还是那样，什么都不上心，可别人都说他好，又能挣钱又能顾家，我就想是不是我的问题。我连工作都辞了，围着他转，转了大半辈子，他照样不稀罕我。"

她二话不说，带爸妈去办了离婚手续。后来，她抱着我哭，她说所有亲戚都觉得是她妈妈不知好歹，放着这么好的男人不珍惜，活该晚年凄凉。可是，没有人知道几十年的模范夫妻，都是她妈妈在呕心沥血地强撑，更要命的是，她妈妈对她爸爸并没有感情，为这几十年的虚名，何必呢？

"我妈这辈子真的是不值。"

放眼望去，有多少女孩都遭遇了这种不值。

没有谁给我们上过一门叫作爱情的课，关于心动的所有初体验，都是隐蔽而懵懂的：牵手以后汗涔涔的掌心，用力拥抱后勒到发痛的胸部，躲在被子里发光的手机屏幕……有更多这样的小细节，无法摊开交流，所以只能自己琢磨。

在最美好的年纪，在遇上爱的时候，我们偏偏对爱一知半解。

爱，不是被动，不是他索取，我就要给予，亦步亦趋地被带进一段关系。

爱，不是配合，不是他觉得这样好、别人觉得这样好，我就要去做，耗费许多精力，却没有享受到快乐。

爱，不是失去自己，不是他的喜怒哀乐才叫喜怒哀乐，你的情绪和感受也很重要。

女作家洪晃说，贤惠是女人最大的缺点。

很多女性稀里糊涂地进入婚姻，感受不到爱，就会通过“贤惠”来获得成就感。打理家务、照顾孩子、挣钱，在这些琐碎而繁重的劳动中，她们找到了自己存在的价值，以此来说服自己——看吧，你离不开我，这个家离不开我。

多么心酸而自欺欺人的幻想呀，这是自虐，绝不是爱情。

恨也算另一种形式的索赔

*

*

你要风度有什么用？

你要他的愧疚和道歉有什么用？

那些都是廉价的，你不如得到他的恨。

这份恨，击碎他的自以为是，

让他在下一段感情里不敢轻举妄动，

让他余生都记得自己伤害过你，

让他的亏欠被公之于众。

如此，恨也算另一种形式的索赔。

不知道从什么时候起，分手要体面，这句话仿佛成了一条金科玉律。

那些恋爱中的男女，透支了亲昵和绸缪以后，前赴后继地迎来翻脸，伤心之余，还要打起精神，在分手这件事情上渡劫。

理论上，一旦感情开始腐烂发臭，当事人会最早察觉，从不敢相信，到难过，再到挽回，抑或是逃避，直到最后放弃，各自选择及时止损。没有谁立志要当恶人，耗到彼此同归于尽，大家都想干净地脱身，但棘手的是，每个人的自救手法天差地别。

有人是犯错了，把往日情意砸得稀碎，再轻飘飘扔一句“不爱了”，给自己博个诚实不欺的名；也有人是怂了，不想再继续这段关系，又不愿背上负心的标签，暗中使坏，用冷战逼得对方开口，生生把情伤折腾出心理创伤。

还有人是蒙了，相爱时心有灵犀，分开时竟不同步，我还在想着挽留，你已决定壮士断腕，又或者你察觉到异样，而我还在甜言蜜语里没有回神，闹起来，相见两生厌。

理想中的分手场面，当然是两人都心平气和，好好道别，最好还能来个临别拥抱，从恋人变朋友，但实际操作起来，免不了上述种种鸡飞狗跳。出于某些微妙的虚荣，明明我们在感情中受了委屈、忍了气，分手却要装作若无其事，流泪也避着人，仿佛只有这样才能昭示自己得理饶人和不在乎。

其实大可不必，分手就像公司的年终盘点，遇到明事理的，该补的补，该偿的偿，自然皆大欢喜；遇到职场 PUA（精神控制），那是狭路相逢勇者胜，是非曲直，就该算得清清楚楚，叫他赖也赖不掉。

前几年有部大火的电影，讲的正是男女分手的小心思。女主和男友相爱多年，从校园到职场，对方始终温柔体贴，羡煞无数旁观者。但就是这位众人口中的模范男友，背地里却和女主的闺蜜搅在一起，他一边照旧对女主体贴，一边堂而皇之地和小三约会，被女主撞破奸情，当场分手。

爱情结束得过于惨烈和难堪，双方其实都咽不下这口气，男友灰溜溜地道歉，把多年来的委屈摊开，向她解释分手的缘由，妄图讨她一句谅解，然后两人各走各路。而女主呢，被男友和闺蜜联手背叛，想质问、哭诉、破口大骂，可她也不想被笑话，不想被男友可怜，只好选择违心的沉默。

她明明是受伤的那个，却连展示伤口的权利也被剥夺了。

好在女主得朋友相助，在老同学的婚礼上，狠狠戏耍了前男友一番，让他在众人面前颜面尽失。两人不欢而散，目光交接时，彼此眼里都是实实在在的恨。

“我不稀罕你的抱歉，我不稀罕你说你对我很亏欠，我要的就是这样的对等关系。一段感情里，在起点时我们彼此相爱，到结尾时，互为仇敌，你不仁我不义。”

是啊，爱情如果破碎，刺我满身鲜血淋漓，我给不了强颜欢笑的得体，也说不出金玉其表的谅解，我不会谅解，我要大声号啕，要斥责你的薄情与过错，要全世界明白我的痛苦，像五六岁满地打滚的小孩子，姿态难看，而又理直气壮。

你觉得不体面？可是，是你对我有亏欠，也是你让剧情变得狗血。我真正介意的，并不是把大好青春浪费在你身上，也不是说好的白头不能兑现，是你用最糟糕的办法喊停，用欺骗、背叛、伤害毁了我的尊严，我为什么还要照顾你的尊严？

我不想委屈自己，挤出笑，与你道别，给这段感情落个不痛不痒的结尾，在多年以后，你想起我时只会是毫无歉疚。不，我要你牢牢记得你犯下的错，哪怕想起我的时候，满腔恨意，胜过旧日甜蜜，才不枉费我那时候流下的眼泪和无眠的夜晚。

凭什么呢，我耿耿于怀许久，自然不能让你轻易地放下。

我有位朋友，结婚十年，双方各有事业，免不了灯红酒绿的应酬，但只要有空，两人都会洗手作羹汤，拿出所有空闲陪孩子，算是圈子里的模范夫妻，最近却传出了婚变的消息。

我们都很诧异，倒不是因为离婚这件事，而是他们公然撕扯，闹得鸡飞狗跳，和以往的人设大相径庭：女方在朋友圈控诉男方出轨，晒出的聊天记录、转账截图连九宫格都塞不下，据她自己放话，这些东西她原封不动给男方公司寄了一份。

男方气急败坏，婚是离定了，当着朋友的面，话里话外还要挤对前妻："夫妻一场，真没想到她把我往死路上逼。是，我是外面有人了，多大点事儿呢，就算离婚，我还能亏待她？"

朋友们也唏嘘，唏嘘里带着丁点儿惋惜，不赞成女方这样豁出去闹，"不说别的，为了孩子也得留点情面"。要情面做什么呢？女方倒是很爽利，对每个劝和的朋友说："我受了欺骗，我还不能说了？"

谁不想轻松体面地道别，后会有期？她以前也是岁月静好、把优雅挂在嘴边的人，可是这段婚姻灌给她那么多苦，她不想默默咽下去。

她说，她早察觉到不对劲了，从去年开始，就明显感觉他不再重视自己和女儿了，三天两头不着家，回家了也只是玩手机。她没有抓到什么蛛丝马迹，可是第六感告诉她，对方出轨了。

"有结婚，就有离婚，我其实能接受感情破裂这回事。"她不能接受的是，她尝试着跟对方沟通，理智地讨论离婚会涉及的财产分割、小孩抚养权，可是对方不肯交代，坚称外面没人，指责她疑神疑鬼。

于是，两人开始漫长的吵架，从年头吵到年尾，从捕风捉影到证据确凿，最后两人都面目全非，筋疲力尽，叫旁观者看了一场彻头彻尾的笑话。

你看，我们曾经以为，任何东西都是可以互相摊开来说的，包括我不再爱你。所以我们相信在爱情走到陌路的时候，你可以坦白地告诉我，而我会伤心、痛哭、挽留，然后明白一切无济于事，依依不舍地放开手。

这段爱情至少还有个说得过去的句号，就像把一朵马上要凋谢的花摘下来，封存着，不管什么时候翻出来看，依然还残留着美感。

但分手是充满风险的，状况百出，不是每个人都能诚实地告诉恋人：我爱上别人了。有时候，我们甚至不敢告诉自己，不敢面对自己的见异思迁，于是想要瞒，接着是骗，被戳穿以后还有恼羞成怒和强词夺理，怎么体面得起来？

有时候，体面意味着有一方在受委屈，默默退让。

爱要热烈，不计较明日，全力奔赴；分要凶狠，别顾着面子，尽情宣泄。

你得明白，当爱情破灭，往日情意再好，也是回不去了，形同死物。如果它能完整无缺地封存自然好，如果不能，那就痛快地打破吧。不破不立，没有必要为了死物而委曲求全。

你要风度有什么用？你要他的愧疚和道歉有什么用？那些都是廉价的，你不如得到他的恨。这份恨，击碎他的自以为是，让他在下一段感情里不敢轻举妄动，让他余生都记得自己伤害过你，让他的亏欠被公之于众。

如此，恨也算另一种形式的索赔。

倘若问心有愧，
还是不要莽撞地冲进新怀抱

*

*

好胜心最折磨人，生出屈辱和嫉恨，

让人一叶障目，看不到身边的新人和新感情。

在恋爱越来越自由的今天，一段感情的开始和结束都太轻易，

我们穿梭在不同的亲密关系里，

以爱为滋养，却不知道有些关系反而是消耗。

不要和莫须有的自尊较劲，在感情里要能屈能伸。

小时候看《倚天屠龙记》，总记得濠州婚宴上，张无忌抛下周芷若，当众奔赵敏而去，惹得她素手裂红裳，转头下嫁宋青书。后来人事辗转，她又遇上张无忌，对方求助于她，她不应，说："天下英雄人人要骂我不知廉耻、水性杨花。"

张无忌自然磊落，劝说："咱们只需问心无愧，旁人言语，理他作甚？"周姑娘回他："倘若我问心有愧呢？"

这话，真有些摧枯拉朽的凄然和美感，我纵使是郡主的"门下走马"，也免不了要对她刮目相看，心生恻隐。

如果我问心有愧呢？

我自知对你旧爱难忘，却也记得你往日无情无义，在这场感情里当真寸步难行。

若是往前，我绝不愿主动示好，已经被弃一次，难道还要再来一次，上赶着让你糟践真心？

我其实盼你三跪九叩，求我回头，让我当众找回颜面，给彼此台阶。

偏偏我知道你不会，你另有所爱，我罗敷有夫，可若是往后，我又万万不甘，为什么不能是我？

好胜心最折磨人，生出屈辱和嫉恨，让人一叶障目，看不到身边的新人和新感情。

周芷若做过许多错事，但仍然博得种种怜惜，很大程度上，是源自这份言不由衷和身不由己。她迈不过自尊，不肯低头；却又骗不过内心，无法忘情，太能引人共鸣了。

谁没有遭遇这样的境况，谁没有当过周芷若呢？我们得不到、放不下、忘不了，越慌越乱，被自尊心驱使着，无法低头，又被情绪左右着，无法割舍，一步错，步步错。

她何曾爱过宋青书？只是被一个男人落了面子、伤了自尊，想在另一个男人身上找补回来。

有句话说，忘记旧爱的最好方法是觅得新欢，其实也是教人通过被爱找回自信，在新欢的柔情蜜意里，帮你确信自己的魅力，以此证明，是旧爱瞎了眼，不是你不够好——这种虚妄的满足感，在某些时候，会胜过上段感情带来的挫败感，于是你以为自己被治愈了，而你并没有付出什么感情，你甚至认为爱不爱这个新欢并不重要，他帮你走出了阴影。

不，这个方法并不实用，宋青书把身家性命都奉上了，你看周姑娘幸福吗？

任何良性的感情，都不能是单向的。他对你好，当然盼着两心同，你却当这份好是供品，高高在上，眼里心里都没有信徒的喜怒，时日那么长，足够消磨掉他所有的好。

一旦他收回了心，你在他身上建构的满足和自信顷刻坍塌，不要说疗愈旧伤，只怕旧伤添新伤，溃烂到肝肠寸断。

倘若问心有愧，还是不要莽撞地冲进新怀抱，伤人，最后伤己。

我身边有位女性朋友，一直让我觉得遗憾。还记得初相见，她艳丽而张扬，比夏日里的玫瑰还耀眼，那会儿她年纪正好，身边挽着富二代男友，得意都写在脸上。

对年轻女孩来说，大概男人才是更直观的名片吧，比事业抢先一步，直截了当地证明自己有魅力。她丝毫不避让，挽着男友招摇过市，不知道招惹了多少女明星眼热。万万没想到，她蹉跎好几年芳华，没等熬到名分，那位富二代转头弃了她，竟然娶了旁人。

那场婚礼办得风光，一时间，所有人都看她的笑话，她咽不下这口气，急于从男人身上找回面子，找了家底丰厚却貌不惊人的男朋友，匆匆忙忙也嫁了，戴着 8 克拉的钻戒，在大大小小的场合秀恩爱。

她爱这个新男友？未必，但她多少在这个男人身上找回了自信：你看，也不是没有人要我。

但那个男人并不是一件死物，不会甘当她每场表演的工具人，天长地久，自然向别的女人寻求爱意。很快，他婚内出轨被抓了现行，所有不堪的细节都被摊开，亲戚朋友们津津乐道，无不可怜她。她受不得种种可怜，离婚官司还没利落，就挽着新男友露面了，大家既怜爱又心疼，劝她不要在感情里昏头，她不听。

眼看着富二代和他的娇妻在圈子里活跃，她赌气似的，很快又结了婚、生了孩子，没多久再次离婚。如今，她带着孩子，依然乐此不疲地恋爱、分手，热热闹闹好一出戏，唱得自己筋疲力尽。

在恋爱越来越自由的今天，一段感情的开始和结束都太轻易，我们穿梭在不同的亲密关系里，以爱为滋养，却不知道有些关系反而是消耗。

我那位朋友的恋情始终不被亲友们祝福，是因为她身上并没有享受爱情的轻快。

她整个人透着疲惫和倔强，男友越换越年轻，却总是被曝出各种问题，显然她对挑伴侣这件事并未用心，她不幸福，又总想着展示自己幸福，那些来来去去的男友都是作秀工具罢了。

大家都嗔怪她傻，说来说去，无非是放不下当年那段情，想要证明自己过得比富二代好，却栽了更大的跟头。

女人很容易把爱和尊严纠缠起来，就像张爱玲在《倾城之恋》里说的那样："一个女人，再好些，得不到异性的爱，也就得不到同性的尊重。"

很多时候，我们在爱情里犯过的错、昏过的头，并不是源于那个男人，而是源于胸腔中跳跃的自尊和不甘。对方说出分手，我们被弃之如敝屣，震惊混合着难堪，连伤心的时间都没有留，慌不择路地就要证明自己。

越是这种时候，女孩们越容易受骗，往日从未看在眼里的人，花言巧语地献殷勤，竟也能打动芳心，很有些趁火打劫的意思。你难道还幻想劫匪有柔情蜜意？

其实，谁会真的以男人来评判你的魅力？你被渣男劈腿，朋友们自然替你抱不平，那些说着“她连男友都看不住”或者“她没人要”的人，你趁早远离，何必在乎那些不中听的话。

好的爱情，当然是两个人平等相处，没有轻视，也没有倨傲。

但是，爱之所以为爱，让人目眩神迷，就在于打破距离，让独立的个体在情感或经济上成为共同体。

有时候，你不必过分强调尊严，不用在相处的时时刻刻标榜“没有你，我也可以”。

这样谈恋爱是很累的，这些女孩过分“要强”，细究起来，实则是不自信——他现在爱我，是爱我的闪光点，一旦他看到我平庸的本质，爱就会消减，那我将如何自处？所以，她们要表现出“我不在乎”，尤其是分手，她们内心明明放不下，却不会出口挽留、解释或质问，反而会想方设法地隐藏真实想法，给自己戴上面具。

他都说了不爱，我如果表现出旧情难忘，岂不是显得我没皮没脸？

瞧，女孩们谈起恋爱太过体面了，旧情难断，问心有愧，难道不是人之常情吗？不妨多给自己一些时间，用来慢慢疗伤，不必想着去和前任较劲，不必理会外界的闲言碎语，等那些眼泪与失眠翻篇。

一直到现在，仍有网友说，周芷若是一手好牌打烂了，不就是新郎逃婚吗？她就是太拧巴了，明明想和张无忌续上旧情，又不想被人笑话情场卑微，只得拉宋青书做幌子，立一个“君既无心我便休”的人设，最后苦了自己。

但凡她能诚实地面对自己，坦承想做张家妇，把天下人的笑话扔一边，扛着张三丰“佳儿佳妇”的赠礼上武当，既占着理，又有长辈相帮，张无忌不想娶也得娶，昔日被落的面子，何愁婚后找不回来？

说来说去，还是那句话，不要和莫须有的自尊较劲，在感情里要能屈能伸。

你爱他，为他摧眉折腰，就当是情趣吧；他不爱你，你也别想着让他后悔，稀里糊涂地折腾，对方其实都不在乎。

PART

THREE

——

3

成年人的体面
不仅仅是钱

*

我们活得筋疲力尽，却并没有想象中快乐，

可能，是我们弄错了体面的定义。

真的只是钱吗?

如果找到这个答案，也许我们就能停止焦虑，找回快乐。

很多人都在说，挣钱，是成年人最大的体面。

似乎年月越长，我们面临的难题越多，哪怕有厚脸皮撑着，依然透出窘迫。就像裹了褴褛衣裳，再怎么细心打理，一伸手，一投足，四面灌风的情形依然避不开。

花呗的还款短信每个月按时来。

办公室的同事又换了新包，名牌的标识很刺眼，也让人羡慕。

房子的首付总是凑不齐，急着急着，就和男朋友吵了一架。

最怕参加同学会，人人都光鲜，上了 985 大学，拿着百万年薪，身边还有个完美伴侣，仿佛只有自己落魄。

难怪都说钱是英雄胆，在千疮百孔的现实面前，它堪称最有安全感的遮羞布。

但挣钱并不容易，为欲望打拼的姿态也并不好看，连香港影星周润发都唏嘘“揾食艰难”，更遑论普通人。于是，朝九晚五的日子里，我们除了容貌焦虑，又滋生出许多经济焦虑：原来不知不觉中，我们已经被同龄人抛弃了！

被这种心理驱使着，我们甚至开始自我怀疑：是我能力不够吗？还是我时运不济？我离成功到底还差什么？就这样，大大小小的挫败感，把我们所剩无几的体面彻底戳破，我们两手空空，要么躺平，要么继续铆足劲。

当然，不甘心者居多，咬着牙，把焦虑和挫折踩在脚下，抬头往前，明明已经使出浑身解数，还要装作云淡风轻，不肯露出半分狼狈。

我们活得筋疲力尽，却并没有想象中快乐，可能，是我们弄错了体面的定义。

真的只是钱吗？

真的不能让汗水和欲望被看到吗？

真的被抛下的都是失败者吗？

如果找到这个答案，也许我们就能停止焦虑，找回快乐。

欲望都是漂亮的

*

*

欲望并不难看，

压抑它、包装它、丑化它才难看，

才会带给我们更多焦虑。

十八岁时，想要喝奶茶，想要和朋友逛街，

二十八岁时，喜欢名牌包，这都是人之常情。

不要再给自己上枷锁了，欲望大多无害。

在很多女孩看来，谈钱是非常俗气和难堪的。

前两年，我还在做新媒体，部门招新的时候，面试了一个女孩。我至今还记得她，是个非常优秀的应届生，谈吐自如，透着年轻人的干劲和热情，递过来的简历也漂亮。

我们聊完了岗位要求，我问她："你有什么想问我的吗？"

她没有丝毫迟疑，摇摇头，很机灵地表示，她对公司很满意，期待录用通知。

我忍不住发笑，主动打开话匣子："公司的薪资体系是这样的——"

她眼睛立刻亮了，肉眼可见地放松下来，显然，她也在暗暗关心薪酬，只是不好意思在明面上提。我相信，如果我没有主动提及这个话题，而是语焉不详地暗示，她大概还会讲出"工资多点少点没关系，只要能学到东西"这样的话。

工资多少怎么会没有关系呢？刚刚走出校园的女孩子，衣食住行哪样不花钱？又不能像从前那样朝父母伸手，第一份工资，不啻溺水后的稻草，是谁也无法替代的安全感。

即便如此，我们嚼碎了窘迫，咽下去，嘴里心里都发苦，也不会开口谈钱。好像一提到钱，立刻便轻贱了，唯恐对方觉得自己拜金，再意味不明地扔下一句：现在的年轻人呐……

我毕业求职的时候，也是这样，坐在敞亮的会议室里，拧巴着，对方给出的8000没有达到自己的预期，但我羞于开口，觉得这样会留下不好的印象。我在纠结中办了入职，等到发工资，同部门的前辈提点：新人容易被压工资，你们得和公司谈。

我们没有去谈。其实现在想想，多幼稚啊，因为莫须有的面子，丢了切身利益，把日子过得紧巴巴，还要装作没事儿，再看旁的女孩挥金如土，恣意快乐，内心如何不煎熬？

这些痛苦，很大程度就是源于我们不能坦承对钱的渴望。

我们自小就被教导着不爱钱，钱是赤裸裸的算计，是满地鸡毛的现实，所以在很多故事里，君子与名士都是不碰钱的。

最经典的例子要数王衍，这位魏晋名士向来高洁，他的妻子不以为然，一定要拉枕边人下凡尘，于是趁他睡着，在他床上堆满了铜钱，等着看他醒来的反映。王衍醒来，绝口不提钱字，冲妻子说："把这些围住我的东西拿开。"

在中国的文化传统里，这才算美德，钱财都是身外物，一旦贪恋，便显人性丑恶。女孩们更甚，被琴棋书画养着，是水做的灵秀，不能沾染凡俗事，否则就成了鱼眼珠子。

爱钱？贪财？好美服？那简直是反面教材。

我还记得少时读《红楼梦》，看到林黛玉私下与贾宝玉算账，盘点大观园的各色花销，暗示他贾家入不敷出，当即大感震慑：怎么林妹妹也是沾凡尘俗务的吗？

长大后再读这个章节，隐约琢磨到一点尴尬和不易——结婚前，女孩们被教导着要体面，人人都喜欢窈窕淑女；等结婚生子了，吃喝玩乐都砸过来，都要她打点，但凡她开口抱怨，或羡慕别人家发达，舆论立刻对她指指点点。

太难了，难道她生来就要吃苦耐劳？她只能是当垆卖酒的卓文君，是金钗沽酒的韦丛，不能是嫌弃家贫的买臣妻？

女性也有自己的欲望啊——爱、权力、名望，还有钱。这每种欲望都合情合理，不应该被嘲笑，更不应该被压抑。

我最喜欢的一个隐喻，是《红楼梦》里薛宝钗常年吃的“冷香丸”。她每每对人解释，说胎里带了热毒，只能吃药压制，实则呢，那不是什么热毒，那是隐射她蠢蠢欲动的欲望，因求而不得的痛苦。

宝姐姐是有野心的，她喜欢贾府的权势，也喜欢贾宝玉体贴多情，但她藏着，不敢叫人看穿。许多读者不喜欢她，就是因为这份隐藏，面上丝毫不露声色，谁知背地里却暗暗盘算，这不是心机是什么？

她是怕被笑话，一个姑娘家竟然有这等谋划，但凭什么不能有呢？我穿着锦绣衣裳，吃着山珍海味，住着朱门绣户，我凭什么不能生出贪恋和占有？我又不是木雕石雕，我有七情六欲，我既生而为人，想要过得好不是很正常吗？

但偏偏外界会用既定的道德来观望和评价女性，但凡她表现出预期以外的欲望，立刻就要遭到嘲笑和羞辱：拜金、心机女、野心勃勃、道德败坏。

仔细想想，从《红楼梦》到如今，多少年过去了，我们还在藏着掖着，并为此捉襟见肘，生出煎熬。

承认自己有野心，并为之打拼，在很长时间内，都是女性不被喜欢的特质。

有位女星，她年轻时的脸，清丽而倔强，眼里翻涌着风云，出现在大屏幕上，就是一张赤裸裸的欲望清单：我要名、要利，要所有的追光灯照过来。

她没有隐藏的意思，电影拍了一部又一部，满身是伤，不要紧，她吃得下这份苦，直奔着奖杯而去。她也热衷于豪门，身边的男友换来换去，都是公子哥，就差把“钓金龟婿”写在脑门上。

那时候，网友都嘲讽她，因为其他女星都是人淡如菊，被问到奖项提名，也只半惊半喜地笑：得奖与否并不重要，能被肯定已经很开心。

随着时间推移，如今大家也终于肯承认，诚实点，才更轻松点，与其躲在佛系的面具背后，暗暗眼热别人豁得出去，不如痛快地喊出来：我就是想红！

欲望并不难看，压抑它、包装它、丑化它才难看，才会带给我们更多焦虑。

我读书时候有个特别好的朋友，家境尚可，但她爸妈花费管得严，每次给生活费，都要问她“这个月要多少钱”，她总是磨不开面子，支支吾吾地要一半。我们总笑她死要面子活受罪，除了吃饭，连买奶茶的余钱都没有，她也叹气：“多要钱，好像显得我很不懂事。”

我印象深刻的是，工作以后，我们有次约着出来逛街。她在商场看中了一个包，很喜欢，我撺掇她买，她摇摇头，放下东西走了。

等到坐车回去的时候，她情绪不高，我逗了半天，她仍蔫蔫的，一时间，我也有点意兴阑珊，不明白到底是怎么了。她见我低落，更加拧巴起来，纠结着，很艰难地解释：“我是因为刚刚那个包。”

“你喜欢就买呀，你现在工资那么高，又不是负担不起。”

她苦大仇深地看着我：“我又没有什么场合背这个名牌包，总不能背去上班吧？那也太招摇了，别人会笑我大手大脚……”

“打住。”我立刻让司机掉头，“咱们马上回去买那个包。”

十八岁时，想要喝奶茶，想要和朋友逛街，二十八岁时，喜欢名牌包，这都是人之常情。如果我们自己有能力可以负担，为什么不款待自己？为了避免不被旁人指指点点，我们就要做一个清心寡欲的女人？

面对自己的欲望，是解决焦虑的第一步。它会缓解言不由衷带来的虚伪和窘迫。同样是处在低谷，坦然承认自己的困境，想方设法往上攀爬，再怎么姿态难堪，进一寸有进一寸的欢喜；总比假装不在乎要好，一边佛系地躺平，嘴上说着随遇而安，一边暗暗着急，寻找出路，还担心人看穿，当真是折腾自己。

不要再给自己上枷锁了，欲望大多无害。

是它，把生活折腾得活色生香、跌宕起伏；也是它，照亮每个女孩的内心，找到目标所在，活出不同的面貌和风采。

养成与自己挣钱能力
相匹配的习惯和欲望

*

*

我其实一直不鼓励女孩们“省钱”，

对成年人来说，快乐真的很难，

如果花钱能买来快乐，为什么不呢？

况且，要女孩们捉襟见肘，

省下钱，不花在自己身上，花在哪里？

不知道是什么时候，我在香港八卦杂志上，看到过一个很温情的小故事。

因为香港电影的没落，很多活跃在屏幕前的演员们随之消沉，曾经风头无两的女明星，日子困顿，素着脸，排着队，在菜市场和大妈们抢折扣商品。她撞见了昔日的影帝，对方看起来还算体面，而自己粗衣麻布，言行粗鄙，多少就显得难堪了。

影帝替她付了账单，宽慰她：揾食艰难啊。

这是粤语里的俗话，意指谋生不易、挣钱不易。是啊，挣钱难，谁人都不易，就不要为此自鄙，或鄙薄他人了。

我一直觉得，现代女性对经济独立过分焦虑，很大程度上是源于她们没有挣过钱，对金钱的概念模糊而理想化，甚至毫无概念。

网络上不是有个段子吗？毕业前，大家对月薪三千的工作嗤之以鼻，不明白为什么有人能够拿着这么低的薪水，还卑微地加班，在她们看来，一套水乳、一趟旅行或一个包包都不止这个价格。

等到毕业，月薪三千的工作突然就“真香”了，因为转了一圈，发现能匹配的待遇大多如此，倒也有高薪岗位，但人家不是留给初出茅庐的人的。

于是，你我只好忍气吞声，留在小公司，干朝九晚五的工作。可从前花钱如流水，享受过钱的好处，现在才开始精打细算，晚了，处处都捉襟见肘，个中落差也不好受。

再四处看看，年长些的，薪资已经噌噌往上涨，有钱就有底气，动辄买车买房；年幼些的，依然仗着家里庇佑，无知无畏，买什么都大手大脚。仿佛只有自己处境尴尬，被欲望折磨着，被现实一次次扇耳光，这如何能不焦虑呢？

我见过很多这样的例子——年轻漂亮的小姑娘，为了追随男朋友，放弃到手的事业编或录取通知，看不清一份好工作和一束玫瑰花哪个更昂贵，她们只知道哪个让自己更快乐。

都说这些小姑娘拜金，其实她们很好哄骗，甚至不需要你真的用钱砸，一个包包或一杯奶茶，就能哄得她眉开眼笑，她根本不懂背后的价值差异，她觉得那都是用心，都是对她好。

她们在年轻的时候，对钱没有任何认知，物品的价格仿佛只是数字；等发现钱的重要性了，对挣钱又没有任何手段，不甘不愿就做了月光族。

我印象很深的是，大学毕业时，有个女同学选择和男友闪婚，和家里闹得不可开交，因为家里不肯接纳对方有遗传病史。

我们犹豫着劝她：你爸妈的顾虑也有道理，你再想想吧，如果他将来生病……

女同学觉得自己已经想清楚了："说来说去，不就是钱嘛，大不了我以后少买点化妆品。"

事实证明，她并没有想清楚，也并不知道先天性疾病意味着什么。她婚后第二年有了小孩，刚出生就被查出遗传性心脏病，从这以后，手术、吃药、反复的身体检查塞满了她的生活，让她喘不过气。

这已不是少买化妆品能解决的事情了，她前所未有地焦虑，因为每天睁开眼，什么都要钱，房租、水电、三餐、交通出行，更别提给孩子治病了。她比任何时候都渴望钱，守着一份乏善可陈的工作，不敢请假，也不敢迟到早退，日子过得窘迫，怨自己当时脑子进水，再怨伴侣无能，怨来怨去，再好的感情也磨灭了，婚姻里只剩下鸡毛蒜皮。

这还算好的，有些女性更糟糕，她们在什么时候发现钱的重要性呢？丈夫出轨、孩子升学、中年失业、身染重病……在这些极端的境遇里，她们幡然醒悟，为自己的不谙世事买单。

她们非常想挣钱，但她们不会挣钱，从前还有人愿意用钱哄着，现在几乎是任何人都不肯了。

工作？很多公司不愿意雇用“重出江湖”的家庭主妇，况且还有孩子的拖累，即便她能找到工作，薪资也有限。

婚姻？男人之前愿意给钱，不代表他一直愿意，她要忍着羞耻，一次次掌心向上地讨。

父母？父母或许永远爱她，愿意帮她，但他们年岁渐长，正是要花钱的时候，压力并不比她小。

往往在这种时候，女性的经济焦虑会达到巅峰，当能力赶不上欲望，前路无从下脚，处处就藏下了陷阱——兼职骗局、传销骗局、加盟骗局，还有爱情骗局。

如果能在每个女性的青春期，为她们上一门“金钱”教育课，是不是很多焦虑和不幸就可以消弭？

不是教她们省钱，不是教她们贪利，而是教会她们钱难挣。只有这样，她们才会在花钱的时候量入为出，养成与自己挣钱能力相匹配的习惯和欲望，即便是渴望财富自由，也不会再盲目恐慌，而会懂得量力而行地努力。

当她踩到实处，所谓的经济独立有了看得见、摸得着的门路，她的焦虑自然迎刃而解。

我上小学那会儿，家里做生意，建了很多大棚养菌菇，然后低价批发给商户，也在市场租了个摊位，按斤论两地零售。这挣的都是辛苦钱，刚上市的菌菇，每斤也才两三块钱左右，妈妈总挂在嘴边的话是：“这也太贵了，得卖多少斤菌菇啊。”

在我的记忆里，面对昂贵的学费、漂亮的衣服、美味的食物等任何一笔大开销，妈妈都会发出这样的感叹，我起初还觉得她抠门，慢慢地，我也习惯把所有物件用菌菇来换算：想买的铅笔盒需要一斤菌菇，那件校服要花掉十斤菌菇……诸如此类的换算太多了，它让我明白，原来我生活中使用的每个物件，得来都不容易。

我帮妈妈看守过摊位，知道卖东西是极不容易的，有人要压价，有人要挑挑拣拣，还有人买卖不成出言讥讽。不论天冷天热，你都得一动不动地守着，那会儿也不流行手机，什么消遣都没有。最让人担心的是菌菇卖不出去，那就得原封不动地搬回家，自己硬着头皮吃，我后来讨厌吃各种菌菇，就是因为小时候吃腻烦了。

这一斤又一斤的菌菇，让我明白挣钱真的很难，也让我在每次花钱之前，都会默默换算和计较：我轻松花出去的钱，能否轻松地挣回来？

我不算勤俭的人，很爱买东西，小到各种五花八门的线上淘，大到轻奢名牌，哪个女孩不喜欢购物呢？但我从来不花费超出自己挣钱能力以外的钱，再怎么喜欢的单品，如果它的价格需要动用到分期、信用卡等提前消费手段，那我绝对不会下单。

很多经济焦虑，就是来自你花了超出预算和能力以外的钱，把这些钱折算成菌菇或是你的工资标准，你就会明白那刷出去的一串数字是多么金贵，付出了你多少辛劳。

我其实一直不鼓励女孩们“省钱”，对成年人来说，快乐真的很难，如果花钱能买来快乐，为什么不呢？况且，要女孩们捉襟见肘，省下钱，不花在自己身上，花在哪里？

花钱，是每个女性该有的权益，但在花钱之前，我们应该先试着挣钱，如此，才会真正懂得花出去的每一分钱意味着什么，也才能明白收到的馈赠和礼物所暗含的价格。

我们都得为自己的人生买单，或早或晚。当你吃过挣钱的苦，能够合理安排自己的收支，才叫花钱买快乐，尝得到甜。

否则你得到的都是焦虑和不安，为每月的花呗还款日期焦头烂额，为伸手向别人讨要妄自菲薄，哪有快乐可言？

毕竟，面子其实是奢侈品

*

*

面子是不值钱的，

当面子和自身利益发生冲突的时候，

当然要选后者。

不就是低头吗？

成年人的委屈太多了，这根本不算什么。

毕竟，面子其实是奢侈品，

是维持温饱之后才能追求的锦上添花。

我去便利店买东西，排队结账的时候，看到前面有个小姑娘在犯难：她拿了两支朴实无华的雪糕，到了收银台才发现它价格惊人。

很显然，她不想要了，这价格超出了她的预期，但她不好意思开口，一来售货员已经扫过二维码，二来当着那么多人的面，她觉得所有人都会在心里嘲笑她抠门和麻烦。

“现在的雪糕也太贵了吧，这谁吃得起啊。”队伍里，有人嘀咕了一句。

小姑娘立刻露出了感激的神色，就着这个台阶，冲售货员说：“这个我不要了，不好意思啊。”

直到她结完账离开，脸上依然有点劫后余生的意思，因为过于明显，大家多多少少都笑了。那笑，不是嘲讽，而是心领神会的理解。

如果那个小姑娘再年长些，就会知道，她觉得难以启齿的话，完全可以毫无顾虑地说出来。

面子是不值钱的，当面子和自身利益发生冲突的时候，当然要选后者。

话虽如此，但谁年轻时没有经历过这样的尴尬呢？明明不想买的东西，但推销员巧舌如簧，你只能硬着头皮买单。

出门吃饭，面对没怎么下筷的菜，很想打包带走，但怕被服务员笑话，你只好装作若无其事地离开。

月底发工资，怎么算都觉得奖金少了一两百，你想问问人事，但又不想为这点小钱和老板闹，你只好跟自己说算了。

算了背后的潜台词不是你不在乎，而是劝自己忍气吞声。为什么忍？自然是觉得面子要紧，觉得但凡跟钱扯上关系的事，都要顾着点脸皮，不然就显得斤斤计较了，没有风骨。

这说来说去，就是面子和里子的问题。年轻人贪图面子好看，尽管内心并不愿意，但为了摆出姿态，宁可损失实际到手的好处；年长者就更喜欢实惠，甭管外人怎么看，只要我能拿到好处就行。

香港女作家亦舒说过一句话，我深以为然："如果有人用钞票扔你，跪下来，一张张拾起，不要紧，与你温饱有关的时候，一点点自尊不算什么。"

对于初出茅庐的年轻人来说，让他们卑躬屈膝、面子受挫，都是很难受的，谁都想站着把钱挣了，任何有关尊严或形象的事，他们都愿意用牺牲利益来摆平。

但事实上，涉及个人利益的时候，体面与否真的没有那么重要。

不就是低头吗？成年人的委屈太多了，这根本不算什么。

我有个同学，毕业后在做设计，每天被甲方各种匪夷所思的要求折磨，公司老板也不省心，时常折腾出各种幺蛾子。

他特意建了一个微信群，群名就叫"非正常人类研究中心"，群内容就是吐槽老板和客户。有时候我们在忙，他遇到不顺心的事，一个人连发消息，满屏都是怒火中烧的控诉。

据他说，客户最过分的操作，是让他出了七版设计稿，最后却选了第一版。他当时气得在群里足足骂了半小时，但转头又好声好气地给客户打电话确认细节。

我笑话他："既然干得不开心，为什么不辞职呢？"

他反过来笑话我幼稚："我干吗跟钱过不去？"

是的，这份工作不容易，客户和老板都给过他难堪，但所有难堪在可观的工资面前，都是可以忍受的。拿离职信甩到老板脸上，这当然很爽，也很戏剧化，但生活不是拍电视剧，短暂的宣泄过后，日子还在继续，你还得为柴米油盐买单。

他年薪丰厚，不仅在业内，在圈外的同龄人中也很可观了。对此，我有点惊讶，又有点理解，因为他在读书时就是学霸，本事不小，性格倨傲，没想到他竟然愿意为了钱低头。

"没有什么愿不愿意，主要看钱给得够不够。"他调侃道，"清高不能当饭吃啊，我总得考虑现实问题，人家不为五斗米折腰，是有这个家底，我可没有。"

这话说得实在。

谁不希望当第二个陶渊明呢？这位老先生在职场待得不开心，只因为差吏恶语相加，他干脆当场离职，喊出了那句"吾不能为五斗米折腰"的千古名言。

想要用工资收买我？不可能！时至今日，依然有无数年轻人前赴后继，喊着口号，把离职信写得花样百出，趾高气扬地想要整顿职场——

老板喜欢开会？那我走。

公司离家太远？那我换工作。

同事脾气不好？那我离职。

他们的底层逻辑简单而粗暴：干得不开心，那就走人，总不能看在工资的分上委屈自己吧？

为什么不能？如果钱足够多，就值得把那些委屈咽下去。

所谓的不为五斗米折腰，需要你有任性的底气，不然当下体面了，后续只能独自咽苦果。毕竟，忍不下一时之气，就得承受后患无穷。

单看陶渊明，也算名家之后，而且学识渊博，但他家底单薄，日子过得并不宽裕，辞职以后，只好回家耕地种菜。他自己倒是安贫乐道，守着隐居的好名声，过得清苦而舒适，但他的妻儿就因此吃尽了苦头，五个孩子都泯然众人，别说继承他的才华，连识字都成问题。

我当然不鼓励大家拜金，凡事都唯物质论，但我也不欣赏端着清高姿态，好似柴米油盐都不在人间。

在两支雪糕和100块钱之间，我会选择后者，哪怕当众反悔确实难堪，但我不介意忍一忍，因为省下的100块钱可以让我买更多喜欢的东西，让我更开心。

连陶渊明都要为挂冠而去买单，让妻儿忍受贫困，更遑论我们普通人。五斗米不够，那七斗米、八斗米呢？在不违背原则和底线的前提下，面子可以放一放。

毕竟，面子其实是奢侈品，是维持温饱之后才能追求的锦上添花。

说来惭愧，我也曾有过这样的错误观念，年轻时气盛，最看重脸面，最不喜欢有人为钱摧眉折腰，认为这样的人软骨头，又贪财重利，不值得相交。

那会儿，我有个同学混音乐圈，给公司的十八线歌手们编曲、写词，偶尔也接点外活，他最大的愿望就是成为优秀的词人，能写几首出圈的歌。

有阵子，抖音上火了一首口水歌，没什么内涵，唱着情情爱爱，押着蹩脚的韵，是那种音乐发烧友听到后会立刻划走的水平。

那首歌的作词作曲都是他，我们很诧异，就像看到高岭之花突然走下神坛，开始游戏人间。他倒很实诚，说："没办法，他们给得太多了。"

这话更让我们惊讶，他的艺术追求呢？他的理想呢？为了钱，就可以写烂大街的口水歌吗？之后的很长时间，我都为此困扰，并深感失望。在我的认知里，这时候，每个艺术工作者都应该义正词严地拒绝，不被资本裹挟，拒绝低头。

后来，我也面临了很多类似的境况，比如筹办新书签售会，有甲方提出穿旗袍或是其他形象上的要求，这种指手画脚的容貌羞辱，让我觉得被冒犯，毫不客气地拒绝了，而后双方闹得不愉快，不仅合作崩了，遗留的种种问题处理起来更是麻烦。我事后想想，不就是一件衣服吗？他说得再难听，言语再冒犯，能有处理一地鸡毛为难？

为了一场完美的签售会，这点委屈，我其实应该忍下的。

被现实毒打以后，我渐渐就理解那位同学了。他成立了自己的音乐工作室，做小众音乐，出了不少精品。他说："我想做好东西，就得先挣钱，要挣钱，当然要放低身段了，给人当孙子都行。"

给人当孙子，我不行，但在原则以内，我愿意为换五斗米而适当地低头。

不要着急，面包会有的

*

*

夜深人静的时候，你不禁沉默了：

只有我的生活过得这么惨吗？哦，好像是的。

即使你心里有一万个不乐意，

还得干下去，

只是被焦虑、嫉妒、茫然和愤怒折磨得郁郁寡欢。

放轻松，你没有落后，也没有领先，

在命运为你安排的属于自己的时区里，一切都准时。

哪怕你现在两手空空也不要着急，面包总会有的。

“纽约时间比加州时间早三个小时，但加州时间并没有变慢。”

曾几何时，这句话在网上很盛行，你也许匆匆瞥过，但未曾在心里细思过。事实上，它能解决掉大部分因现实和理想不匹配带来的焦虑。

现在的年轻人很勇敢，封了心，锁了爱，整天把“搞钱”挂在嘴边；但他们也很脆弱，当挣不到那么多钱时，一边喊着躺平，一边偷偷内卷，越卷越不开心。

怎么开心得起来呢？

你历经十几年的寒窗苦读，终于从学校毕业，参加招聘会，投递简历，被公司单位录用，开启工作生涯。大部分人似乎都遵循着这样的人生轨迹，可是等你开始上班，却发现和自己想象中的生活有了出入：每天奔波在通勤的路上，匆匆走，迟迟归，好不容易结束忙碌的一天，想要约上三五好友吃顿饭，却被告知晚上要加班开会；好不容易熬夜做完方案，刚提交又被打回来；好不容易熬到月底发工资，还没细数，马上就交给了房东。

夜深人静的时候，你不禁沉默了：只有我的生活过得这么惨吗？

哦，好像是的。看看其他人，似乎个个都过得体面而精彩：同样是上班，有人做着自己热爱的事，为梦想而努力，但你却困在朝九晚五的格子间，每天重复着无意义的琐事；同样是大学生，有人年薪百万，轻松买了房和车，但你却拿着几千的薪水，为想买的新衣服而节衣缩食。

即使你心里有一万个不乐意，还得干下去，只是被焦虑、嫉妒、茫然和愤怒折磨得郁郁寡欢。

急什么呢？每个人都有自己的时区，你在自己的时区里，有属于自己的节奏和步程，不用盯着旁人，更不用为此方寸大乱。

但身处其中的年轻人很难明白，为了追赶前方的人，他们使出浑身解数，把生活绷成一根弦，时时不得放松，如箭在弦上。

我有个学生特别漂亮，她也很知道这点，读书那会儿就颇有心气，立志要闯荡娱乐圈，常常翘课去接些表演或主持的活。次数多了，老师们都很头疼，苦口婆心地劝她：以后挣钱的机会还多着呢，大学就这两年了，不能老实待在课堂上学点东西吗？

她不听，说起播音系的谁谁找了好工作、新闻系的某某学姐已经进了电视台，整个人急得不行，仿佛所有好机会都要被别人占了，她得快点，再快点，否则什么也抢不到。

大学毕业以后，她独自去了北京，找了份销售的工作，和专业毫不相干，但用她的话说，“来钱快”。白天，她踩着高跟鞋到处跑客户，回了家，她还做淘宝直播，播到凌晨三四点是常事。

她好像一直在工作，没有休息日似的。我回北京的时候，约她吃饭，她喊我去她家里，逮着直播前的那点时间，用电磁炉给我煮火锅。

她很抱歉，说自己实在没有时间，很久都没有好好坐下吃顿饭了。我当然不愿意看她这样忙碌，全然没有享受生活的空闲，挣再多钱又有什么意思？

她给我报了一个数字，是她这两年辛苦存下的钱，在同龄人中已经相当可观。但她依然不满意，提到那些知名的淘宝主播，语气里满是艳羡：别人已经买房了，别人一年能挣成百上千万，别人都从主播转做演员了……

别人什么年纪，她又是什么年纪？谁不是从无到有，走了一条漫长的路？实在没有必要用他人今日的成就，来苛责自己的落魄，那人年轻时或许还不如你。况且，各人都有自己的机遇，别人的成功是很难复制的，为什么拿来当对标品？

我无法劝动她，只好再三叮嘱：不要本末倒置了，挣钱本来是为了更好地享受生活，为了取悦自己，但现在已经严重影响生活了。

这样的故事实在太多，一波又一波的年轻人为了成功魔怔了，用健康换，用爱情换，用道德换，殊不知，心急吃不了热豆腐，等到一场大病或一例猝死，他们才惊魂未定地发现不值得。

说起来就都是好胜心切，把自己逼到别人的赛道上，不敢停下，没日没夜地往前冲。这不能说是错误的事，却是委屈自己的事，终点明明就在那里，领奖台也不会跑，你可以在自己赛道上，找到自己的对手，演出属于自己的精彩。

一味地快，并不意味着会赢，你见过哪场长跑赛，选手是从头冲到尾的？有时候适当慢下来，也是一种策略——款待自己，储存精力，放松心情。

在挣钱这件事情上，也是如此，大家都要找到正确的行动时机。

放轻松，你没有落后，也没有领先，在命运为你安排的属于自己的时区里，一切都准时。

哪怕你现在两手空空也不要着急，面包总会有的。

钱当然很重要，挣钱也是理所当然的事，毕竟恋爱、吃喝、玩乐都需要自食其力。但挣钱不是胜者为王、败者为寇的事，每个人的能力、起点和机遇各不相同，挣到的钱也就有多有少。你身家单薄，并不意味着你不如旁人，也不代表你会永远这么穷，何必自己制造焦虑呢？一切可以慢慢来。

或许道理谁都懂，但内心的焦灼不容易平息，因为我们太喜欢把目光放在别人身上了。

在互联网并不发达的时候，我们能参照的对象无非是亲戚、朋友，在这个小圈子里，大家的生活状态相差无几，所以带来的冲击也有限，我们不会因为同事的工资涨了1000块而辗转反侧。但网络打开了我们的视野，顺着那根看不见的线，我们看到了国外，也看到了和我们自身职业、家庭、能力截然不同的对象，他们仿佛活得轻松而惬意，随便吃顿饭，便是我们一个月甚至更久的工资；他们的身家被曝光出来，那个天文数字我们终其一生也挣不到。

这巨大的落差就像鸿沟，也像镜子，透过它，我们照见了自己的渺小和无能——原来我们活得这么粗糙啊，为什么呢？同样生而为人，我们努力念书、求职，为什么最后的生活状况如此不尽如人意？

一旦这种愤懑的情绪产生，自卑感和焦虑感便无处不在，彻底搅乱你的生活。

世界参差，但也没有我们想象的那么大。网络是很多焦虑的来源。就像知乎上人均985、211，动不动年薪百万起步，就像小红书上随时都能看到奢侈品和贵妇，炫得我们两眼发光，黯然失色，其实都是虚荣心作祟的造假。

我有个朋友在银行任职，他们银行推出了一款白金卡，只要存款过50万就能办理，银行会对持有该卡的客户提供很多额外福利。

朋友感慨道："你绝对想不到，持有白金卡的人数其实不多，不到200万人，占零售客户总额的2%。"

这是什么概念呢？50万似乎只是一笔小钱，但现实中拥有这笔钱的人很少很少。众所周知，这家银行的客户群体已经是比较有钱的，超出普通人，但他们当中也只有2%左右的人持有白金卡。

"不要被别人精心编织的故事骗了，有钱人仍是少数。"

所以你并不糟糕。你拥有一份稳定的工作，薪水不是特别高，但能够养活自己，省吃俭用的话，偶尔还能买点轻奢品。假如时间允许，也能来一次说走就走的旅行，到了年底，多多少少也有点结余。

这样的日子很舒适，你已经做得很好了，在小池塘里悠然自得，有一方属于自己的天地。但如果你向往大海，渴望更高品级的生活，那当然可以。

这是个细水长流的过程，一切慢慢来。

没有六便士，
我们也可以抬头仰望月亮

*

*

钱能让人快乐，但让人快乐的不只是钱，

如果想通这点，很多不必要的烦恼和计较都可以被减免了。

富有富的活法，穷有穷的智慧，

前者不必骄矜，后者也不必抑郁和恐慌。

在钱财上不富有，但并不妨碍他们追求精神世界的丰饶。

钱有多重要呢?

在知乎上，有很多类似的提问，最高赞的回答来自一个医生。

他说，有一次半夜出急诊，两位民工打扮的人冲进来，其中一位身上沾了血，举着左手，还带着酒瓶，里面泡着半截手指，显然是手指被什么机器割断了。

这其实不算什么大手术，如果时间来得及，是可以缝接的。所以他并没有很意外，只是催促两人：赶快签字吧，还能接上。

但对方却迟疑了，支支吾吾地问：“接手指要多少钱？”

他忙着写病历，头也没抬地报了一个价格，说：“让护士带你去缴费。”

对方没有动，又问：“那如果截掉呢？”

“几百块吧。”他这时候有点惊讶了，抬头看了看那人，对方只犹豫了几秒钟，就开口道：“截吧，不要了。”

他实在想不出来，对方在说这句话的时候，是何等心情，又是因为何种缘由。但他能感受到一个成年人在那一刻的压抑、无奈和崩溃。

仅仅只是几千块钱，就轻易剥夺了一个人保留手指完整的权利。

钱又有多么不重要呢?

有一段时间，我陪朋友住在北京宋庄，那里被戏称为画家村，会集了全国各地的绘画爱好者。因为地段偏远，环境尚好，租金非常便宜，很吸引那些落魄的北漂画家。

更重要的是，宋庄走出过一个又一个的传奇，很多年轻画家在这里声名鹊起，凭借作品大放异彩，从此人生翻天覆地，这让所有画家们都觉得，自己会是下一个传奇。

宋庄不大不小，生活肯定不如城区便利，那些画家怎么谋生呢？不，不应该称呼他们为画家，很多人连家都没有。条件好一点的，会租个大开间，挂个工作室的名头，其实除了一张床，什么都没有，满地堆着油彩、画架和笔；条件差的，连单间都住不起，拖个行李箱，在朋友家里借住。

每次看到他们穿着白背心和人字拖满街晃悠，我都有种恍惚的荒谬感，你很难相信，在灯红酒绿的大都市里，还有这样一群人，啃着面包馒头过日子，对物质的欲望几乎为零。

如果你以为他们是能力不够或者机遇不好，才生活潦倒，那就大错特错了，他们好多人来自名牌大学，长得也好，却不屑于挤到人群中汲汲营营，一心要钻进艺术的世界。

在这里，钱似乎是最不值钱的。

我认识阿丙，就是在宋庄，他毕业于美院，放弃了高薪工作，跑到这里来，痴迷于画画。他很穷，有时候连颜料也买不起了，就去卖煎饼，在人家画店旁边支个摊，生意倒好得很。他也不贪心，估摸着够买颜料了，马上收摊不干了，继续哼哧着啃馒头，一块钱也不愿意多挣。

他生得好看，眉眼沉沉，很有点梁朝伟的味道，不知道招了多少姑娘喜欢。有骄矜的白富美，有漂亮的文艺女青年，也有情窦初开的大学生，她们巴巴地把真心和钱掏出来，挤进那个小小单间，为他洗手作羹汤，给他介绍工作，甚至替他买房买车。

他呢，他谁都不爱，再多的物质捧到他跟前，他都不眨一下眼。他说："我只喜欢画画。她们要是愿意呢，就得接受我这样，什么都没有，要是不愿意呢，那就走人。"

相熟以后，我其实很佩服阿丙，他活得随性而自在。在旁人眼里，他物质实在不丰富，但他丝毫不认为自己低人一等，在任何富足的恋人或朋友面前，从无自卑。

我见过他背着画板，手揣在兜里在街上溜达，有相识的画廊老板见了，远远地调侃："阿丙，还有钱吃饭吗？"他也不恼，嬉笑着应一句："没钱了，明天就去摆摊卖煎饼。"

他是穷人，也是某种意义上的富人。

毛姆在小说《月亮和六便士》里写："满地都是六便士，他却抬头看见了月亮。"我想，阿丙就是那样的人。

便士，是英国的货币单位，是普通人庸庸碌碌追逐的对象。月亮则永远免费，高挂天上，是诗和远方，是精神满足。

你要六便士还是要月亮？这似乎是一个永无定论的问题。

忙忙碌碌，为几两碎银奔波，没什么不好，但我们也要允许有人安于现状，在物欲横流里停下脚步，自得其乐。

钱能让人快乐，但让人快乐的不只是钱，如果想通这点，很多不必要的烦恼和计较都可以被减免了。

我还记得和前任刚认识那会儿，他约我看展，从博物院出来，遇到老太太提着篮子卖黄桷兰，他买了一串，戴在我手上，清香里隐隐约约是爱意。

我拒绝了他，觉得自己不在最好的状态，连经济独立都没有做到，拿什么跟人家谈恋爱？他很意外，徐徐地劝我：不是只有两个完美的人才能谈恋爱，享受爱情的美好；恰恰相反，是两个不完美的人凑到一起，因为享受爱情的美好，才变得越来越完美。

这句话让我印象深刻，后来的许多事情也证明，他是对的。更有甚者，我发觉自己对经济独立的焦虑也同样如此——我以为财富自由了，才能享受生活，买想买的东西，爱想爱的人，在物质富裕里得到精神的愉悦，但事实上，没有钱也不该失去快乐的权利。

在财富自由的时候，能随心所欲行事，来一场说走就走的旅行，买东西不用看价格，这些当然都让人感觉愉悦。但是经济窘迫，也并不妨碍我们好好生活，邂逅无数的小确幸。

比如在夏天的傍晚，骑着单车从江边穿过，看看晚霞；比如养一只宠物猫，下班后，抱着它，窝在沙发一动不动；比如去听音乐会，去看场老电影；比如养些花花草草，按时浇水，守着它们开出小小的花。

富有富的活法，穷有穷的智慧，前者不必骄矜，后者也不必抑郁和恐慌。

真正让我们褪去浮躁、享受岁月静好的，是自给自足的精神世界，不受外界干扰，平和而强大。

我始终记得另一个关于民工的故事。

有一年我在昆明，闲来无事，沿着不知名的马路闲逛，走过一个施工工地。因为是傍晚，工人们大概吃过饭了，三五聚成堆，有人打牌，有人闲聊，还有人在唱歌。

是的，就像那种小型露天演唱会，他开着手机外放，扯着嗓子，唱得很卖力。我听了很久，都是《荷塘月色》之类的广场舞曲，热情洋溢的伴奏分贝不小，他们也很投入，一曲唱完，听的人不吝赞美："唱得真好！我感觉你也可以当明星了！"唱的人飘飘然，毫不客气地收下赞美，再主动提议："那我再唱一个？"

这欢笑的工地引得许多人驻足，大家停下脚步，听一会儿，笑一会儿，被那份单纯的快乐所感染。

这样的案例并不少，在各个社交平台上，都能看到无数普通人圈地自乐的绚烂：在地铁站吹口风琴的民工；自学成才，在公园地上写毛笔字的老大爷；在业余时间剪纸，一手窗花剪得出神入化的阿姨；女儿上大学后离婚，独自开车环游中国的家庭主妇……

在钱财上不富有，但并不妨碍他们追求精神世界的丰饶。

一首新歌，一堂瑜伽课，一本精彩的小说，一个抹茶味的甜筒……这些快乐轻巧又自足，像生活中的隐藏彩券，不需要花很多钱购买，它们是来自精神上的馈赠，刮开它，就能看到“月亮”。

没有六便士，我们也可以抬头仰望月亮。

别给自己画饼了，先和面吧

*

*

他一开始有人脉吗？没有。

他有天时地利的机遇吗？也没有。但他最后成功了。

你给自己画的那个饼太大了，

一朝一夕间很难做出来，

最后只能是饿着自己、取悦别人。

别瞧不起那些看似庸碌的事，

它们或许琐碎不起眼，却是你万里青云路的基石。

我最近在追一个求职类的综艺节目，有位男嘉宾在屏幕前抱怨，他想找一份月薪2万以上的工作，给几家心仪的公司投了简历，但都没有收到回应。

现场的企业导师很直接，问："你有没有想过，也许是你的薪水定得太高了？"

男嘉宾急切地解释："这个薪资标准是有依据的。首先，我得考虑房租水电和基本的生活成本；再者，我调查了整个行业的薪资水平，还问了不少本专业的学长学姐，结合他们目前的收入，我觉得2万是合理的，没有超过平均薪资。"

企业导师都笑了："你的学长学姐在刚入职的时候，也是拿不到2万的，他们现在的薪资达到或超过这个数，是由他们现在的能力决定的，而我们还没有看到你的能力。"

我当然也不喜欢资本家刻薄的嘴脸，但看到这段时，还是颇有感触。男嘉宾的求职经历只怕戳中了很多人的痛点，这份引发共鸣的狼狈背后，其实折射出一个容易被大家忽视的问题——目标没定好，再努力也白搭。

年轻人都想事业风光，情场得意，为了这，他们不怕吃苦，咬牙切齿地努力在大城市扎根。但理想成真之所以让人热泪盈眶，就是因为难以实现。

任何目标的达成都不可能一蹴而就，连王健林谈到挣钱致富，也是循序渐进地拆分："很多年轻人，有自己的目标，比如想做首富是对的，奋斗的方向是对的，但是最好先定一个小目标，比方说我先挣它一个亿。”

这话已经火成了网络段子，虽然有“凡尔赛”的嫌疑，但道理是对的。

我们的很多焦虑，就是来源于目标没有实现，如果作为参照物的同学、亲戚、别人家的孩子恰巧又成功了，那份焦虑就会倍增，还会掺杂失败后的沮丧和自卑。

往往在这个时候，我们免不了自我检讨，怀疑是否自己的能力不足，或是运气不好，但很少有人会想到是目标出了问题。

在我的家乡有句俗语，“一口吃不成胖子”，形容那些急于求成、好高骛远的人，家里的长辈就常常拿这话来叮嘱表哥。

表哥瞧中了餐饮行业，想开家早餐店。他意气风发，嚷嚷着要做市里人气最高的网红店，一下子掏了百八十万的家底。小姨千方百计地拦，劝他先盘个小店面，地段不用多好，十万块左右就行，卖面点也好，卖冷饮奶茶也好，先试试水，他从来没做过生意，得先把行业里的内情摸清楚。等赢利了，再开分店，或者置换大门面，到时候再想着折腾出风格。假如出师不利，赔了，这点钱就当交学费，也不至于伤筋动骨。

表哥听不进去，立志要做第二个“喜茶”，在市区挑了个好地段，砸重金盘了两层楼，里里外外重新装修，还特别请了知名设计师，其他诸如产品包装、商标设计等，都是比照着网红店，花费不小。等到店铺开张，生意却意外地冷清，受疫情影响，加上同类型店铺太多，店里每日的客流量实在不多。

他苦撑了一阵子，亏空越来越大，不得已草草关了门。创业失败的表哥很是消沉，总说自己运气不好，看着其他兄弟姐妹日子过得红火，既憋屈又眼馋，肉眼可见地焦躁起来。

这就是典型的不会分解目标。对每个立志挣钱的人来说，好的目标应该是那根吊在眼前的胡萝卜，努力走两步，就可以尝到甜头，如此才能有兴趣继续走下去。

你走得越远，那根胡萝卜越大，你的动力和耐力也越足，走上十万八千里也不足为奇。试想一下，你跟那头驴说：来吧，我会给你吃不完的胡萝卜，咱们先走起来。你猜它能坚持多久?

要挣钱，就得先挣小钱，别瞧不起那些看似庸碌的事，它们或许琐碎不起眼，却是你万里青云路的基石。

有一次，我加班太晚，去校外的小吃街买夜宵，看到一个卖煎饺的摊位，摊主是个非常漂亮的女孩。她漂亮得与周围的烟火格格不入，素净的脸，白色的衣，让人乍见之下生出明珠蒙尘的感觉，惋惜她的处境。

我忍不住和她搭讪，她很爽利地讲了自己的故事：就像所有从小镇考出来的大学生一样，她也想在本地买房落户，但这需要一大笔钱。她毕业没多久，工作还算稳定，但日常开销也不小，所以她给自己定了存款目标，规定每年必须存下一笔钱。

“我在公司还算新人，就算涨工资，也涨不了很多，跳槽的话，我这点工作经验肯定不够，所以我就下了班摆摊。”她很熟练地装盒、放调料、打包，热气将她蒸得满头大汗，但她丝毫不介意，“虽然这个摊子挣不了什么大钱，但每年算下来，我的存款也达标了，只要再坚持两三年，我就能付首付！”

这个卖煎饺的女孩深深打动了我，她有一种朴实而接地气的奋斗观。就像我认为她能够凭借美貌过更好的日子，很多人也觉得自己小有天资，或是碍于身份和学历，心气高，目标也高，纵使想要的未能得到手，也绝不愿低下身段，做一些力所能及的努力。

后来，我每次路过小吃街，总要买上一份煎饺，和女孩聊上几句。她慢慢升了职，钱越存越多，又因为“煎饺西施”的名号，被当地美食博主拍了几次，有直播公司看中她，请她去做主播。

她现在已经不摆摊了，也如愿以偿买了房，有时候我从小吃街路过，还能听到其他摊主的议论：“哎呀，还是人家运气好，我女儿也一直想当网红，折腾了大半年，净看她买衣服、买化妆品了。”

人人都想要变得更好，但不是每个人都能在现实里灵活地低头。

不要看不起努力挣小钱的人，在理想遥不可及的时候，他们靠着一个又一个小目标长途跋涉，成为最终想要成为的人，这是很了不起的。

这些人的先天条件普通，但他的努力不普通，最终创下的成就更是不普通。

我从前也写小说，认识了一些网站写手，大家当然都想成为大神，但没什么知名度，网站也不给推荐。有人抱怨，写着写着就放弃了；有人坚持日更三千字，每天从不请假，虽然没有任何打赏和订阅，但也能拿到网站的全勤奖，大概一千块钱。钱很少，却给了他动力，他开始日更五千字，这对于兼职写手来说并不容易，在繁忙的工作和琐事之外，每天至少要在电脑前坐四五个小时。随着他日更的字数越来越多，他拿到了网站的更新奖励，也被网站的编辑看到，偶尔也能上一回封面推荐。

到了这一步，但凡他故事写得不差，就很接近当大神的梦想了。

他一开始有人脉吗？没有。

他有天时地利的机遇吗？也没有。但他最后成功了。

他踏实努力，步子迈得小，但走得稳。对，他就是为了挣钱，老老实实干活，一步一步往前，最后才写出了名气，而不是那些退网写手口中的“有人就是运气好”“谁让我不认识编辑，上了不推荐呢”“现在的读者不行”。

我很佩服他。那些整天喊着要暴富、要成功的人，也许真的很拼，也敢拼，但他给自己画的那个饼太大了，一朝一夕间很难做出来，最后只能是饿着自己、取悦别人。

别给自己画饼了，先和面吧。

谈感情可以，谈钱不行

*

*

任何良性的关系，都是需要谈钱的，比如爱情。

遇到善良正直的人，才会明白你是为爱付出，

更多的人，只会觉得你在倒贴。

他们理所当然地享受你的钱，

还觉得你伤害了他高贵的自尊心。

别和那些别有用心的人谈感情，伤钱。

我在网上看到一个相亲帖，发帖的女孩说，她被家里安排着相亲，竟然相到了一个大帅哥，对方情史丰富，双商在线，把她哄得眉开眼笑。

网友们劝她留意，这十有八九是个“海王”，她倒也清醒，回复说：“结婚就别想了，留着谈个恋爱呗，毕竟遇到大帅哥的机会也不多。”

女孩断断续续更新了后续，他们很快开始交往，约会、吃饭、旅行，这些小情侣的常规套餐都体验了一遍，对方始终表现得温柔体贴，情到深处，也说着“我好爱你”。

就在网友担心小姐姐被美色冲昏头脑时，她发了分手帖：两人旅游回来，对方带她见了家长，就在她疑惑他是否真的浪子回头时，他说工作上遇到点麻烦，手头不方便，希望她借点钱，数目还不小。

她二话不说，立刻把他拉黑了。

“骗我的感情可以，骗我的钱不行。”小姐姐斩钉截铁地总结，挣钱很难，她不想花给不值得的人。

任何良性的关系，都是需要谈钱的，比如爱情。

很多姑娘觉得，花钱是一种表达爱意的方式：房租水电，约会买单，节日礼物，甚至直接借钱，她们试图通过人民币来让对方感受到自己的真心。

遇到善良正直的人，才会明白你是为爱付出，但这样的人又怎么会让女人一再花钱？更多时候，更多的人，只会觉得你在倒贴。他们理所当然地享受你的钱，还觉得你伤害了他高贵的自尊心。

我每次翻阅民国那段往事，都为盛爱颐感到惋惜。

盛爱颐是上海滩最标准的白富美，有钱，有貌，有家世，谁没听过盛七小姐的赫赫大名？但她喜欢的男人却不太起眼，他叫宋子文，是宋庆龄的弟弟，无论名声地位，还是经济实力，当时的宋家都远远不如盛家。但盛爱颐不在乎，她爱他，尽管他只是自家聘请的一个英语老师。

她并不吝啬，除了在工作上帮衬他，当他决定去广州投奔姐夫孙中山的时候，她还大方地给了他一把金叶子。她说：这个就当我送给你的礼物。她又说：我等你回来。

后来的故事大家都知道了，盛爱颐苦等 9 年，从上海滩第一名媛熬成了大龄剩女；而宋子文在广州顺利步入政坛，当上中央银行的行长，娶了别的姑娘。

宋子文不记得盛爱颐为他花过钱，他只记得盛爱颐不肯跟他私奔去广州，他觉得自己被羞辱和辜负了。

醒醒吧，不要再给男人花钱了。遇到特定的场合和情景，偶尔为之，或许可以，但也一定要花得有分寸，花得让双方都心甘情愿，否则就是吃力不讨好，最后只落得人财两空——男人没了随时可以再找，钱没了，再挣可不容易。

有小姐姐可能要说：哎呀，我的就是他的，他的就是我的。

不，只有你的钱才是你的，那是底气，是后路，是你自己一砖一瓦砌起来的安全感。你可以相信爱情，相信两情相悦，相信同甘共苦，但不要相信花女人钱的男人。

其实，何止是爱情，当亲情或友情掺杂了物质，也会变得不那么纯粹。你会发现，想象中亲密如瓜葛纠缠的关系，原来竟如散沙，风吹吹就散了。它抵不过金钱的测验，哪怕用来测验的金钱数额并不大，结果也往往超乎你的想象。

有个朋友，深夜给我打电话问询，说有个认识多年的同学，突然开口向她借钱，她有些为难。对方借的钱不是小数，她虽然能拿出来，但多少有些伤筋动骨。况且，她隐隐听到闲话，这位老同学近年的财务状况都不理想，她担心借出去的钱石沉大海。

“要说不借吧，我和她是老同学了，一直也有来往，拒绝了人家，大家面子上过不去，估计朋友也没得做了。”她有些苦恼。

“给任何人借钱，都要有收不回来的预设，如果你能接受这个预设，那就借。”我提醒她，“说白了，你只要想清楚一件事，那就是这个朋友在你心里值不值十万块。”

她沉默了一会儿，叹气，然后诚实地说：“其实我不打算借，你说的这些，我都仔细想过，我觉得她在我这里不值十万块。”

她说得难以启齿，她纠结的点并不在于是否借钱，而是在她心里有了答案之后，难以面对这个答案——原来在她心里，友谊竟然这么不值钱，她为此羞惭和自责，深觉自己是个浅薄的人。

怎么会是浅薄？并不是所有人都值得我们倾囊相待，我们的钱来之不易，要花在刀刃上，而真正的刀刃，是指那些不计较回报的关系和不分你我的人。

把手头的钱财看得重，并不是抠门，更不是冷漠，如果经济状况允许，谁没有助人为乐的情怀呢？但对于大部分的普通人而言，挣钱是很难的，我们疲惫地周旋于柴米油盐，一点点积攒，就像燕子筑巢似的，为自己储备不时之需。

对待这些积蓄，难道不应该慎之又慎？倘若为了莫须有的面子、半生不熟的朋友、有去无回的借条，或是别人口头的一句仗义，就轻易把它们扔出去，那才是愚不可及吧？既影响了自己的生活质量，也无益于这段关系。

真正可靠的人事，并不需要靠花钱维系，而你用钱砸出来的关系，也没有你设想的那样牢固和重要。

当你自己落魄时，你会发现，不仅借出去的钱回不来，那些因借钱而维系的感情也立刻岌岌可危。

在钱这件事情上，我这位朋友向来清醒。

她大学时有阵子追星，非常喜欢某个演员，天天去超话打卡，给他做数据。有一次，那个演员新增了代言，粉头组织她们花钱去买，说“只要一杯奶茶钱、一顿饭钱，就能够帮他把销量刷起来”。

她不为所动，不听，不买，不花钱，“我为什么要少喝一杯奶茶、少吃一顿饭？我喜欢他没错，但喜欢就要牺牲自己吗？他挣那么多钱，还需要我牺牲？”

她刚工作的时候，妈妈就试探着问：“要不我来帮你保管工资？”她拒绝了，哪怕她以最大的善意来忖度，妈妈是担心她存不下钱。

她确实花钱大手大脚，但她并不愿意把工资上交，她说：“钱在我自己手上，我就有支配权，我妈需要用钱的时候，我会给；我弟缺钱的时候，我也会借；但我不想把工资给她，不想让她误会对我的钱有支配权。”

你看，自己挣的钱，放在自己手上才有安全感。

越是不可离分的关系，在金钱来往上越是干净磊落，亲如姐妹的闺蜜，在吃穿玩乐上会自动AA，送礼物也是有来有往；相爱相亲的男友，不会单方面向你索取无度，更不会吃软饭；就连有赡养义务的父母，也都懂得在合理的范围内享受养老，绝不染指儿女的财政大权。

那些打着爱和喜欢的名义，向我们索要钱的人，你都可以视为无效关系，可以态度鲜明地说不，完全不必考虑所谓的面子和情分。

因为面子和情分是虚无缥缈的，是皇帝的新衣，只有攥在手里的钱才是可靠的，是实实在在的好处。

好处要留给自己，浪费在乱七八糟的社交上，那是给他人做嫁衣裳。想想看，你每个月不到一万的工资，买个大牌包包或轻奢品，都要心痛很久，你对自己这么狠，凭什么要对外人那么大方？

一辈子那么长，我们会遇到很多人，并与之有纠葛，生出许多关系，让我们为之欢喜、悲伤、绝望或温暖，但不是所有人都交付真心，亦不是所有关系都牢不可破，有些时候它们可能只是利益带来的假象。

我们爱钱，绝非贪利；我们重情，却不要受惑。

远离所有向你掌心向上的人吧，他们不爱你，眼里没有你，只有你的钱。

别和那些别有用心的人谈感情，伤钱。

PART
FOUR

4

生活是自己的，不需要演给任何人看

*

我们无须和别人相比，更无须和别人竞争，

努力把自己擅长的事情做到极致，

便会成为别人无法复制的成功。

如果细数生活中的不快乐，你会发现，很多眼泪都是为旁人而流。

你其实不爱钢琴，也没有什么艺术家的梦，但你不忍打破母亲的絮叨和期望，在每个周六的下午，开启冗长而无聊的练琴。

你反感秀恩爱，享受两个人的世界，但面对男友的质疑和朋友的炫耀，你妥协了，开始跟风在朋友圈晒九宫格。

你没有什么名牌情结，但身边的同事个个都拎着香奈儿，你难免会生出比较，担心被看轻，开始偷偷攒钱买包……

就这样，我们因为旁人，把自己的日子过得拧巴而痛苦。

这些痛苦，衍生出焦虑、自卑和嫉妒，将你拖进情绪的泥潭，无法脱身。

认真想想，我们好像很容易陷入这个泥潭——因为过分专注周围的声音，所以时不时被外界左右，做出违背本心的选择和举动，继而又懊悔，甚至会为了这种选择而负重，担上原本不必要的精神或物质损耗，慢慢被拖倒。

它仿佛一个恶性循环：你越不快乐，越试图在攀比中寻找优越，一旦失败，心理落差加大，便会变本加厉地对自己施压，继而让自己更不快乐。

要打破这个循环，很难，也很简单，那就是学会闭着眼过日子。

生活是自己的，不需要演给任何人看。也别把谁当观众，对方奉上的赞美也好，诋毁也罢，都应当形同噪声，只过耳，不过心，如此才得轻松。

不要复制别人，会粘贴失败

*

*

很多时候，我们被外界的声音裹挟着，

不知不觉地盲听、盲信、盲从，

还会误以为这是自己独立思考的结果。

我们无须和别人相比，更无须和别人竞争，

努力把自己擅长的事情做到极致，

便会成为别人无法复制的成功。

我最近看到一个帖子，有个网友大吐苦水，不明白自己为什么干啥啥不行。

刚开始，他跟风做公众号，但原创太难了，还得每天更新，况且越来越多的人不爱看公众号，改看短视频了。

于是，他转行做视频，从策划到拍摄到后期，这个过程比他想象的更琐碎，一切得从头开始。为了请演员，资金投入也不小，他备感压力，推送的视频数据不理想，他又瞄上了直播带货。

他费了许多心思研究，还没等正式开播，好些主播连续翻车，直播号被封了一个又一个，彻底绝了他的心思。

他不解地问："现在的大环境这么不景气吗？"

围观的网友们看得又好笑又好气，调侃他："你就是那个拖垮大环境的人。"

在这个创业悲剧里，导致失败的元素有很多，而这位创业者对自己的定位，显然出了问题。他给自己挑选好了对标物，做每件事，都是立志成为对标物 2 号——人家直播火了，他也去做直播；人家选秀出道了，他也去学唱跳。

成功可以复制吗？当然不是，纵观那些成功者，分析他们发迹的始末，每例各有不同，那么学任何一个人其实都没有意义。

我们要做的，不是模仿别人，而是要认清自己是谁、想要什么、能做什么，然后你会发现，解决个人问题的方案需要量身定制，你根本不需要把目光停留在别人身上。

可惜的是，我们往往本末倒置，把大把时间花在“关注别人”“企图复制别人”上，却没有意识到，了解自己才是最重要的。

我的优势在哪里，短板又是什么？我对什么感兴趣，不喜欢什么？……很多人对自己缺乏最基本的了解，就贸贸然地想成功，以为要做对标物2号很容易。

因为不了解自己，所以总想着复制别人的成功，粘贴失败后，还会为此丧失自信，甚至自我怀疑，自暴自弃。

事实上，这种对成功的误解并非个例，在我们的成长路上，很难绕开“别人家的孩子”“始终被别人的成功牵着鼻子走”的困扰。

我还记得在读书时代，凡是选专业、填志愿这种时刻，家长和老师都会不自觉地把我们往别人走过的路上推：某某读了理科，考上了好大学，找到了好工作；某某的专业是会计，现在已经年薪百万了；某某就留在本地，离家近，家庭读书两不误……

这些话里的潜台词其实都在说——他做得这么好，你可以照着抄作业。

但真的如此吗？当然不。别人选理科，顺利升学，是因为别人喜欢数理化，从热爱里滋生热情，将其奉为毕生追逐的光，也点燃了自己。而我们明明擅长语文和历史，被强行拖到这条路上，怎么可能走得远？更别提成功了。

我们要做自己擅长的事，才能增加成功的概率，而不是选择按图索骥。

所以，了解自己就显得尤为重要，我们实在不必把精力和目光投放到别人身上。

很多时候，我们被外界的声音裹挟着，不知不觉地盲听、盲信、盲从，还会误以为这是自己独立思考的结果。

我有个读者就曾经走过这样的弯路。

她家里兄弟姊妹多，和她年龄相近的堂姐，打小就是长辈们挂在嘴边的骄傲。堂姐长得漂亮、学习成绩优异、精明能干，她说，她比谁都清楚堂姐的每个优点，因为那都是她少女时代的紧箍咒。

她不讨厌堂姐，只是堂姐太耀眼了，像一簇火炬，而她被长辈耳提面命，像不由自主去扑火的飞蛾。

她讨厌的是，在很长一段时间里，她没有办法辨别，这种追光者的角色，到底是自己真的喜欢光，还是周围的怂恿和暗示让她喜欢光。

堂姐考过的大学，她跟着考；堂姐选的专业，她跟着选。这似乎成了理所当然的事，家中长辈们都是默认的。而她呢，也从来没有意识到，在这些影响她一生的抉择项上，她其实是可以有其他选择的。

直到毕业，她终于和堂姐分道扬镳了。她因为画画不错，机缘巧合之下进了漫画公司当画手，不用坐班，也不用和很多人打交道，她很满意，觉得很适合自己内向的性格；而堂姐早早地考上公务员了，在体制内工作，光鲜而体面。

所有的长辈都开始念叨她，特别是逢年过节，七大姑八大姨凑过来，一个比一个尖锐："你这工作有什么出息""你看看你堂姐，舒舒服服地坐办公室，你就不能跟她学学""我们也是为你好，你堂姐日子过得多舒坦，我们不希望你辛苦啊"。

其实她的薪水并不比堂姐低，她喜欢自己的工作，但最可怕的是，不知道是因为亲戚们的斥责，还是她早就被洗脑了，她每次见到堂姐，都有一种油然而生的自卑——就像失败者面对成功者的自惭形秽。

"我为什么会觉得自己失败呢？难道只有活成堂姐那样才算成功？"外人这么想，是因为刻板印象，看到一条成功之路，立刻蜂拥而上，想要复制粘贴，而我们在这种刻板印象下耳濡目染，有时候也会被成功误导，生出"只有像她那样，我才算成功"的念头，实则成功有许多种方式，你要找到属于自己的路。

她花了很长时间才打破这种困扰，甚至亦步亦趋地去考公务员了。这当然是一个不轻松的过程，每失败一次，那种自卑感就加深一分，甚至从头至脚地否定自己：我就是不行。

到最后，她才渐渐意识到，这种外人眼里的"成功"是毫无价值的。

堂姐性格爽利，做事周到，情商也高，在工作上如鱼得水。她呢，哪怕进了体制，依然是那个话不敢多说的社恐，她干得非常不开心，也不明白自己如此费劲考进来的意义，并且她发现长辈们并不会停下洗脑，他们会把她慢热、笨拙和内向当成失败，要求她向堂姐看齐，然后一比一地照抄。

这给了她当头棒喝：如果要不停复制堂姐，才能叫活得成功，那她余生都将不快乐。那些都是她的缺点，是堂姐的优点，她为什么要拿自己的缺点去和别人的优点比较？怎么比得过？明明她的优势是画画，她不能比画画吗？

无论是上学时的教训还是工作后的经历，事实都证明，在尚未正确认识自己的情况下，人容易迷失自己，做出错误的选择，在不属于自己的赛道上浪费精力。

聪明的人在起跑之前，会冷静地分析自己的需求和目标，专注于自己擅长的领域。

比如我的一个客户，她是个雪肤花貌的大美人，性格软软甜甜，即便放在明星堆里也很亮眼。她家境不错，妈妈一心想让她出道，毕竟女儿那么漂亮，娱乐圈又有无数的先例，砸点钱捧捧，说不定就能成为下一个流量明星。

她不肯，劝住了蠢蠢欲动的妈妈：她除了好看，什么都不会，演戏？唱歌？综艺？她没有半点艺术细胞，也吃不了苦，更别说忍受行业内各种潜规则，那她凭什么走红？相反，她很会读书，在学校里一直是学霸美人，她宁可继续深造，埋头做学术科研，钱虽然挣得不多，但至少有个地方让她拼一拼自己的天分。

妈妈还是不死心：那谁谁，长得还不如你，也没有演技，不是很火吗？

她说："我不管她怎么样，我搞学术，将来也会很厉害。"

是的，我们无须和别人相比，更无须和别人竞争，努力把自己擅长的事情做到极致，便会成为别人无法复制的成功。

我们普通人有时候也需要打造一个独属的人设

*

*

创造一个良好的个人形象，并有效维护它，

在工作和生活中都是对自己有利的。

这并不是虚伪，

我们不需要看旁人眼色行事，矫饰自我，

但如果我们本身十分优秀，却因为那些不经意的疏忽，

在旁人心中只落得三四分的评价或不良印象，

岂不可惜？

我和朋友逛街，遇上了剧组拍摄，现场很是热闹，粉丝和路人把商场围得水泄不通。朋友凑热闹似的，也在现场追了一回星，拍了好些照片。

“你认识人家吗？”我笑着调侃。因为这个朋友是典型的书呆子，常年在实验室，别说追星，追剧、看电影、聊八卦这些娱乐活动都与她绝缘。

“我还真认识她，虽然叫不上名字。”她有点得意地说，“长得漂亮，特别爱吃，有时候在电视上看到，她总是在吃东西。果然明星就是明星啊，竟然不会长胖，你看她多瘦。”

不得不说，我非常意外。这个名不见经传的小明星，当然并不贪嘴，但她却刻意营造吃货形象，就像戴上了一张讨喜的面具，借此拥有了知名度。难怪大家都喜欢立人设，比起虚无缥缈的演技或千篇一律的美貌，一个新鲜讨喜的人设，的确更深入人心，可以成为观众的记忆点。

其实，不仅是艺人，我们普通人有时候也需要打造一个独属的人设，这当然并不意味着讨好谁，只是一种更高明的自我介绍。

我们都知道，不能活在外界的评判里，但我们确实挣不脱外界的目光，那些人怀着善意或恶意，打量每个看到的片段，凭自我臆断，为我们盖棺论定，然后将这种刻板的结论贯穿整个社交过程。

这个时候，人设就显得尤为重要，它在很大程度上会影响旁人如何对待你。

我第一次意识到人设在日常生活里的重要，是因为办公室的同事们。

那会儿我在学校任教，学校有个科研项目，院长想从办公室挑两个老师组队，选来选去，选中了一个颇有年资的副教授，再搭配我这个精力充沛的年轻老师。

我不是很愿意，推荐了办公室另一个年轻老师。院长连连摇头，很直白地说："你们不觉得她做事不靠谱吗？"

办公室的老师们略一思索，还当真在记忆里翻出不少片段：期末阅卷，她常常算错分数；开院务会，她总爱迟到；院里有任务指派的时候，她最先跳出来拒绝……这都是日常工作里不起眼的时刻，但把这些碎片拼起来，就凑出了一个不靠谱的形象。

我立刻为她辩驳："不，她很能干的。"

因为年龄相近，我和那位教师比较熟，打交道比较多，所以我非常清楚，她其实是一个负责任、有能力的人。在共事的日子里，她从来没有出过教学事故，手头的所有项目都按时结题，学生对她的评价也很高，入校两年就顺利评上了讲师。

这样的人，怎么会不靠谱？

办公室的老师们仿佛被勾起了共鸣，不接受我的辩解，开始一一列举她不靠谱的证明。

我听着听着，突然意识到了问题：她明明很能干，为什么给大家的印象就是不靠谱呢？同事们列举的事，也的确发生过，怎么偏偏被大家记住了呢？

我仔细盘点了一番，要说算错分数，办公室哪个老师没有干过？但只有她每次都懊悔地大喊大叫："天啊，我又把学生的分数登错了，我真是太蠢了。"还有开会迟到，谁喜欢周末来学校开会？大家都迟到，简直是家常便饭，但只有她每次都发朋友圈，自嘲也好，抱怨也好，全部被院领导看在眼里。

我有点明白院长对她的评价了，或许她本来很优秀，但她在办公室的处事风格，勾画出来的却是一个不靠谱的形象，并且深入人心。

由此可见，创造一个良好的个人形象，并有效维护它，在工作和生活中都是对自己有利的。

这并不是虚伪，我们不需要看旁人眼色行事，矫饰自我，但如果我们本身十分优秀，却因为那些不经意的疏忽，在旁人心中只落得三四分的评价或不良印象，岂不可惜？

我妈妈对此就深有感触。

在家里，要说最辛苦、最负责、最能干的人，她当之无愧，但她很少挂在嘴边，一来二去，我们几乎忘了家务事并不是她的专属。相反，妈妈因为爱收拾屋子，时常会清理和扔掉一些杂物，我的面膜、弟弟的耳机线、爸爸的杂物都险些被她处理掉。渐渐地，妈妈被贴上了一个“爱扔东西”的标签，以至于我们都有些防备了，但凡有什么重要的东西，必定会跟她反复叮嘱：这个千万不能扔啊。

有一次，弟弟的护照找不到了，我们第一反应都是：是不是被妈妈当成垃圾扔了？妈妈很生气，问：“什么东西没了都找我，为什么怀疑我？说不定是你自己弄丢的。”

对啊，我们为什么会有这种根深蒂固的怀疑呢？那本护照后来找到了，当然不是被妈妈扔了。事实上，我们屡次怀疑被妈妈扔掉的东西，也都逐一证明和她没有关系。

仔细想想，妈妈其实并不是一个乱扔东西的人，她每次打扫屋子，里里外外，分明是辛苦活，但因为她不居功，大家就没有看到她的付出，而那几次处理东西不当，却由于我们吵嚷，被大家深深记住。从此以往，只要提到做家务，妈妈的第一名片不是勤劳，竟是乱扔东西。

最让人心惊的是，这种负面人设一旦被贴上了，需要费很多精力和时间才能被撕下来，甚至没法撕下来。

想想看，如果在职场，你留给大家的印象是爱占小便宜、喜欢偷懒、爱传八卦，那么你所在的团队但凡出现流言蜚语、丢东西、工作进展延缓等负面事件，你上司的第一反应肯定是想到你，就算与你无关，但他在情感上也认为是你。

社会、职场都比家庭更可怕，因为没人会去耐心求证，当别人给你画了像、定了调性，你很难翻转这个印象，只能被动承受这个负面印象带来的不公和委屈。

所以，我鼓励大家找到属于自己的人设，展现出正向的自我特质，这份特质并不是造假，而是源于真实的你，却又在此基础上有所放大，以此深化别人的记忆点。

这个记忆点就是你的卖点。

大家都是面目平凡的普通人，能找出一些特别之处被人记住，自然有益无害，大大增进你的存在感。

我们学校有一个教学秘书，不是特别好看，学历也不出色，但我们所有老师都最喜欢她，工作上有任何事，都愿意放心交给她。自然而然地，学校有任何推优、奖项，我们也都第一个想到她。

她给人的感觉就是很能干——尽管其他教学秘书的学历和能力也不差，但一遇到事情，大家下意识地还是想到她，因为她表现得无所不能。

比如教室里的设备坏了，我们刚把消息发到微信群，她就第一时间回复:“我马上过来修。”她会修吗?她其实也就是带着修理工过来。然而长此以往，我们都对她有一个非常好的印象：她什么都能解决。

你看，人设就是这么具有迷惑性，好的人设，就是能够为自己迎来更多的机会和便利。

当然，创立人设不能凭空捏造，也绝非迎合，如果是以别人的喜好为基础，然后来包装自己，那叫造假。既然为假，迟早有被揭穿的一天，因为人设不符合实际而翻车，这样的案例实在太多了，我们要找到贴合自身实际的人设。

原来努力不是万能的

*

*

你深深地沮丧了，痛恨自己无能，

把生活过得如此灰头土脸。

既然努力有用，我为什么还没有成功？

那肯定是我的问题吧。

努力不是万能的，

当我们意识到并接受这一点，反而会释怀很多。

我最近又重温了《出路》这部纪录片，在安静的深夜，看到结尾处，依然唏嘘和感慨。

导演花六年时间，同时跟拍了三个孩子，分别是来自甘肃农村的十二岁女孩马百娟、来自湖北的三次高考复读的徐佳，以及来自北京的从艺术学校辍学的袁晗寒。

马百娟的生活环境最糟糕，家境贫穷，步行去30公里外的地方上学，而所谓的学校也不过是几间土坯房。但她很乐观，她在花了三块二毛钱买来的草稿本上写道："长大后，我要去北京上大学，然后去打工，每个月赚一千元，给家里买面，因为面不够吃，还要挖水窖，因为没水吃。"

她每天都要帮着家里挑水、做饭，做各种家务，再抓住空闲时间学习，最大的愿望就是将来能挣1000块钱。

可是这个愿望没有实现，她小学毕业就辍学了，因为家里付不起学费，她只好出去打工，但年龄小，学历又低，根本没有工厂要她，她最后默默回到了村里嫁人，重复着当地其他女孩的命运。

你能说她不努力吗？她努力了，但没有结果。

这也是当代很多年轻人为之焦虑的核心：他们不是没有努力，996也好，单周休也好，他们已经拼尽全力在奔跑，渴望奔向罗马，但当自己累到筋疲力尽的时候才发现，有人出生就在罗马。

我相信，如果马百娟发现，被她当成人生目标并且求而不得的

1000块，只是另一个女孩袁晗寒随手散出去的零花钱，她一定会无助、难受、不平，直至崩溃。

她跌跌撞撞地努力了那么久，但谁说努力就一定有结果呢?

小时候，我们总能听到家长和老师们说：“你要努力，只有努力才能得到你想要的一切。”从那时候起，我们大概就误会了，以为努力了就会成功，所以才会在使出浑身解数却依然换不来结果时，怀疑和否定自己，陷入深深的痛苦。

既然努力有用，我为什么还没有成功?那肯定是我的问题吧，我还不够努力，我资质有限，我注定平庸无能。

不是的，不要过分神话努力这件事。

勤能补拙，努力也能补拙，但不是所有差距都能追赶，有些先天因素造成的不公平，比如天赋、运气，这些不是努力可以解决的。

在我们自小受到的教育里，总是说笨鸟先飞，好像哪怕天资不够，只要比别人更勤奋，最后也不会比别人差。事实真的如此吗?有人智商高达180，有人智商在100以下徘徊，这样两个人同时参加高考，结果不言而喻，个中高低参差，也并非头悬梁、锥刺股可以弥补。

努力不是万能的，当我们意识到并接受这一点，反而会释怀很多。

因为既然结果不由人，千怪万怪，也怪不到自己身上，而只要我们不将失败归因为自身，那很多负面情绪都可以随之消解。

事实上，在没有建立这种认知之前，我们竞走在各种赛道上是很痛苦的。

在我们的文化里，除了有“胜者为王，败者为寇”的一锤定音，更有“人定胜天”的雄心壮志。相比于西方文化只注重结果，我们也会看重过程，所以才会有强调努力的教育传统——你怎么知道不能成功呢？你试试嘛，越努力越幸运哦。倘若真的失败了，外界倒也会安慰你“没关系”“努力过了就没有遗憾”，但你会被安慰到吗？你只会觉得自卑和泄气，因为你明明拼尽全力了，这结果说明你不如人啊。

生活中有太多这样的时刻了：

你从小镇里走出来，埋头刷题，上了大学、找了工作，下班以后回到家，一边想着这个月的房贷，一边烦恼女朋友家里提出的彩礼。这时候，打开电视机，你的同龄人在屏幕里唱跳，鲜活而生动，脸上丝毫没有为生活操心的痕迹。

你真的没有懈怠。就业、买房、买车、结婚，一步步按着当初规划的蓝图走，累到筋疲力尽。你以为自己过得还算不错了，可是抬头一望，原来你还在半山腰，山顶的风景那么惬意，又那么遥不可及。

你并没有嫉妒那些人，因为你知道自己不是那块料，吃不了那碗饭，但你深深地沮丧了，痛恨自己无能，把生活过得如此灰头土脸。

我并不是要鼓吹努力无用，它其实是很多普通人通往成功的路，零成本，低门槛，但收获不稳定。我不希望大家过分迷恋努力，带着满腔热情，然后被现实浇得冰冷，进而怀疑自己、伤害自己。

我们要做的，是客观分析努力的可行性，承认有些因素非人为能撼动，接受不可改变的，改变可以改变的，找到适合自己的最佳领域，减少那些由于努力失利而带来的负面情绪。

几年前的一次因缘际会，我资助过一个偏远山区的学生。因为喜欢跳舞，她执意要走艺考这条路。她很忐忑地来询问我，担心我不同意，因为各种名目的艺术培训花费不小。

我看过她跳舞，并不觉得她有资质，但我还是很爽快地答应了，并且忍不住翻出那句老生常谈："那你努力试一试。"

等到高考前夕，她全然变了主意，在电话里告诉我，她已经决定放弃走艺术这条路。

我好奇地追问缘由，她说："多参加了几次集训才知道，我根本就不行，在那些同学面前，我被秒成了渣渣。我还发现了，培训班的老师要么认识他们，要么认识他们的老师，原来他们从小就学这个，我真是哪哪都比不了。"

那一刻，我听出了这个小姑娘语气里的沮丧和绝望，天赋也好，原生家庭也好，这都不是她努力就能解决的问题。

我知道，她其实已经很努力了，在她父母的转述里，在零星的视频镜头里，在她自己偶尔的哭诉里，都藏着很多个日夜的汗水和眼泪。

但是，努力能让她从一群自小接受艺术熏陶的孩子中脱颖而出吗？太难了，正因为概率小，所以我们才把那样的特例叫作奇迹。

她没有成为奇迹，拼劲浑身气力，最后艺考成绩还是不尽如人意。好在她很快振作起来，告诉我她想复读，这一次，她要脚踏实地地考师范大学，毕业以后当老师，工作稳定，也能尽早帮衬家里，为了供她读书，父母已是倾尽所有。

她说："我努力点，争取毕业以后留在城市，二三线也行，考个学校编制，日子会越过越好的。"

我听着高兴，也很欣慰她能找到方向，开始有效地、循序渐进地努力。

她有没有追求艺术的资格呢？有，但如果这条赛道上的评分是百分制，她的天赋和家世已经扣掉她一半的分，她再怎么奔跑，也很难超越其他对手。

或许有人会说：那你再努力点啊！可是别忘了，那些天资卓越的对手也在努力，而且越有天分，他们的努力越有效率，不似普通人负重前行，两者的差距只会越来越大，彼时你如何自处？

不要再责备自己无能了，接受努力的作用是有限的，然后找到自己有优势的领域去努力，结果肯定有喜有悲，但请不要拿结果惩罚和苛责自己。

像对待爱人一样，去对待努力吧。

你要有失恋的预设，不是所有爱情最后都能走进婚姻，所以你也要做好失败的心理准备，不是每次尝试和努力都能有回报。

你不能把全部身心都寄托到爱人身上，他随时会因为父母、经济、房子而翻脸。

同理可知，你也不能迷信努力的作用，它越不过很多天然的鸿沟。

最重要的是，即便遇人不淑，你也绝不要用对方的错惩罚自己，正如你不要用失败来质疑自己一样。

记得你也曾发誓要做了不起的人

*

*

丧并不是单纯的心情不好，也不是什么“宝宝心里苦”，

而是在你原本热血沸腾，

却硬生生被冷却以后，只剩下无力感。

人生海海，每个人都有各自的皎洁和不幸，

在遭遇生活的低谷时，有谁不是在一边“丧无止境”地抱怨着，

一边又义无反顾地热爱生活！

讲一件有意思的事。

每年快到毕业季的时候，学校都会安排学生实习，让他们选择自由或集中分配的模式，到各个岗位去锻炼。

我这组有个学生被分到了市重点中学，给初一的学生上语文课。她性格活泼，鬼点子也多，很受学生们的喜欢。实习单位的领导看在眼里，鼓动她参加讲课比赛，并且把本年级唯一的参赛名额给了她。

谁知道这个学生竟然拒绝了："我不想参加什么比赛。"

领导一下子蒙了，转身就给我打电话，大倒苦水："现在的孩子可有个性了啊，这么好的事，她为什么不愿意呢？刚参加工作，不得一步步提升自己？这是个锻炼的好机会啊。"

我赶紧找学生谈心，她倒很坦率："我觉得没意思，也没有必要，反正我实习就一个月，干完就走人。再说了，这种比赛，怎么可能让实习生拿奖呢？"

我当然不能强迫她，况且以我对学生们的了解，这种丧里丧气的论调并不是个例。在很多时候，他们都表现得兴味索然，仿佛对什么都提不起劲，没有半点"00后"的鲜活。

他们把这种情绪叫丧，整天挂在嘴边，六分自嘲四分无奈，渐渐演变成时下的流行文化。

从风靡全网的"葛优瘫"到表情包里的马男波杰克，还有《感觉身体被掏空》等神曲，以及喜茶衍生而出的"丧茶"，生活之中，随处可"丧"。

丧从一种简单的情绪，分化成网络时代的潮流，其实是当代青年焦虑感的外化形式。

我曾经问过身边的朋友："你在什么时候会觉得丧？"

有朋友说：被打击的时候。看到别人功成名就，自己再怎么努力也赶不上，这时候就会心灰意冷，找不到生活热情。

有朋友说：看不到希望的时候。刚毕业还怀着激情，遇到什么痛都能忍，跌了一跤又一跤；结了婚以为日子会更好，没想到婆媳关系、亲子关系接踵而至，天天都是鸡飞狗跳；熬来熬去，人到中年了，每天睁眼依然有无数难题等着，房租水电、事业危机，还有越走越远的丈夫。这时候就无比地累，想不明白这一潭死水般的生活有什么意义，又有什么继续的必要。

还有朋友说：无趣的时候。朝九晚五地上班，在写字楼待了一天，挤着地铁回家，吃完外卖，玩会儿手机，上床睡觉前想到明天，内心毫无触动，因为知道又将是昨天的循环。这时候就觉得没意思了，活着如此无聊，很多人事就更懒得搭理了。

不管是哪种状态，都说出了当代年轻人的心声。我们并非生来爱躺平，或者天性爱摆烂，我们对理想的家庭关系、朋友关系、工作关系都有过设想，也满腔孤勇地尝试，只是被现实击得粉碎。

可见，丧并不是单纯的心情不好，也不是什么"宝宝心里苦"，而是在你原本热血沸腾，却硬生生被冷却以后，只剩下无力感。

丧，就一定是坏事吗？

在朋友圈、微博等各种社交平台上，经常可以看到这样的调侃：“第一批‘90后’已经秃了”“第一批‘90后’的胃已经垮了”“‘00后’是废掉的一代”，一个比一个丧。

“00后”成功接过了“90后”的锅，成为被调侃和被娱乐的主流群体，扎根在互联网的土壤里，处在青春和成人世界的尴尬地带，用“丧”来缓解内心的焦虑感。

网上曾经有一些文章捕捉到了当下年轻人的处境，尤其是努力奋斗的年轻人。他们大多来自小镇乡村，发誓要做了不起的人，却在一脚踏进花花世界以后，发现自己被阻隔在上升通道之外。他们很难留下来，但也不愿意再回去，所以滋生出许多丧的情绪。

外界看不到他们的战战兢兢，却失望于他们的萎靡不振，把这种丧当成了颓废。

其实，丧到极致就是燃，颓丧的表象下，涌动着热爱生活的心。

某微信公众号就创造了“丧燃”一词，用来形容年轻人面对漫长的丧，依然努力地燃烧着，在本来应该感到沮丧的时候，依然坚持拼搏，并爆发出能够战胜一切的力量。

丧，并不意味着真的放弃生活，拒绝努力。

我时常想起阿尔贝·加缪的《西西弗神话》，他说，人生的处境就是不断地推石头上山又滚落，重复地做这件没有意义的事。可是阿尔贝·加缪又说，人为什么不能喜欢推石头这件事呢？我们可以在这个过程中找到乐趣的，以此对抗无所不在的丧。

比如我自己，常年喜欢阅读、写作和翻译，是的，生活中确实有很多令人崩溃的瞬间：比如等待很久才收货的连衣裙穿不上，养了好几年的猫突然生病去世，搬到新家才发现装修出了状况……

这些都像当头冷水，足以浇灭任何欢喜和热情，但看看自己喜欢的书，刷一部好剧或者约朋友出门旅行，都是可以给自己创造快乐的，哪怕短暂，也能将我们从丧里抽离出来，积攒继续往前的勇气。

罗曼·罗兰说，世上只有一种英雄主义，就是在认清生活真相之后依然热爱生活。人生啊，就是关关难过关关过，我们偶尔的丧，只是中途休息，是在努力战胜那些焦虑和不安，是清空过去。

那个实习的学生，看起来丧丧的，下班到点就走，聚会从不参加，学校会演别说准备节目，当天她连人都没到。谁问她，她都是一句“没意思啊”，但她也积极准备考试，去乡村小学当了支教老师。

还有我朋友，每天都喊着“离职”，朋友圈全是吐槽加班，对逛街、旅行、谈恋爱都没什么兴趣，最喜欢窝在家里不出门，但她也会认真准备竞聘，把工作干得风生水起。

可能丧也是一个必要的过程，让生活中的焦虑感慢慢沉淀，最终新的动力会破土而出，变成新生活的娇嫩萌芽。

所以不必过分苛责自己，也不必用有色眼光去评判旁人，请允许丧的存在，就留出那么一点时间，躺平也好，摆烂也罢，缓口气。

人生海海，每个人都有各自的皎洁和不幸，在遭遇生活的低谷时，有谁不是在一边“丧无止境”地抱怨着，一边又义无反顾地热爱生活！

不要害怕那些油然而生的颓废，它只是对现状的一种真实折射，谁能时时刻刻保持激情高涨？正视它，疏导它，它会变成你的燃料，燃烧起对生活的熊熊热爱。

在世之人，一定要更努力地生活，虽然偶尔会哭泣，但要笑得更多，活得更坚强，这就是对所受之爱的报答。

丧与燃的对立相融，就像一枚硬币的正反面，有丧有燃、有张有弛的人生，才是真实、鲜活和回味无穷的人生。

但愿你下次低落的时候，能与那些沮丧、无助、失望或无谓和解，不要因此焦虑，也不用压抑，将它释放出来吧，所有坏情绪清零之后，就是新的出发。

从对比中生出忧患也是常态，不要被落差感打败

*

*

我们好像并不知道这些情绪是被允许的。

都是不能见光的小心思呀，

我怎么能有如此恶毒的想法？

我原来是这样自私的人，见不得别人好。

沉重的负罪感，再加上技不如人的自卑，

会把每个鲜活的小姑娘折磨得黯然失色。

我最近在追的一部剧，网上讨论得热火朝天。

故事围绕三个小姑娘展开，她们的年龄、出身和性格都截然不同，却在机缘巧合下成为姐妹，携手共同创业。这期间自然少不了争吵、泪水和离心，尤其是在美貌聪慧的女主角衬托下，另两个女孩过于普通，黯然失色之余，难免生出落差。

每每镜头转到女二，她对着女主角自艾自怜，在嫉妒心的促使下，偶尔有些不妥当，弹幕立刻就激动起来："女二不会黑化吧""她能不能有点脑子""为什么她总要跟女主比啊"……这种沉浸式追剧让人又好笑又好气，大家仿佛自动代入了主角立场，理所当然地认为，其他人就应该为主角让路，连生出比较都是不应该的。

如果把故事切换到现实世界中，谁是主角，谁是配角呢？

我们任何人都只会站在自己的立场生活，脱离了上帝视角，每句话、每个选择都没有正确答案，都只听从内心的喜怒哀乐，又何来不应该、不能呢？

同宿舍的女孩又瘦又美，从头到脚都是名牌，偏偏人家还是学霸，各种奖学金拿到手软，你看在眼里，真的能够无动于衷？

和你一起进公司的同事，人缘特别好，谁提起都会夸两句，再难搞的客户也能被她拿下，三年里已经升职了两次，你作为陪衬，内心没有半点波澜？

朋友恋爱了，找的男朋友既高又帅，还非常善良温柔，而你又一次遇到渣男，想不明白自己差在哪里，怎么会心平气和？

这些情绪会在很多个生活片段里冒出来，滋生出嫉妒、不忿或虚荣，将我们在自我和他人之间反复拉扯，伤人伤己，而不自知。

它的伤害源于，我们好像并不知道这些情绪是被允许的。

想想看，在我们的成长路上，我们是不是一直被教育要大度、不要斤斤计较，但另一方面，家长又不停地拿“别人家的孩子”来刺激我们。

这意味着外界对我们的期许，是积极向前看，赶超一个又一个优秀者，但是不允许我们在优秀者面前自卑和嫉妒。

所以，考试以几分之差输给了同学，我们不能闹别扭，要真心实意地表达服气；竞聘输给了同事，我们不能把失落挂在脸上，要满面笑容地祝贺对方……

你能心平气和地做到吗？当然不能。因而在很多类似的场景里，我们都免不了暗暗嫉妒，没有办法做到若无其事，心里又酸又涩，一连串的质问和臆想冒出来：为什么不能是我？她到底哪里比我好？

这些念头就像开水壶里的泡泡，越来越大，而你还想拼命盖住它。

都是不能见光的小心思呀，我怎么能有如此恶毒的想法？我原来是这样自私的人，见不得别人好。

沉重的负罪感，再加上技不如人的自卑，会把每个鲜活的小姑娘折磨得黯然失色。

事实上，很多痛苦和烦恼都源于我们不敢坦承自己的小心思，无法与自己的嫉妒和解。

嫉妒像一面镜子，照见别人的优秀和自己的阴暗，你一眼也不敢多看，忙不迭地想要掩饰它、打碎它，为此你费了许多劲，把自己折腾得越来越狼狈。

要想活得不那么拧巴，我们可以试着直面嫉妒，重新认识这种被定义成负面的情绪。

前阵子，我们有位同事被家里安排着相亲，谁知道红鸾星动，竟然捡着了一位非常优秀的丈夫。对方家境好，工作体面，父母也都是本地公务员，比较明事理，一早就放话了，彩礼会给，房和车也会加女方名字。

我的同事性格温柔，但相貌平平，还有个未成年的弟弟，是办公室有名的“樊胜美”，这次结婚，简直是打了个漂亮的翻身仗。

婚讯传开后，不知招来多少议论：“人家那么好的条件，凭什么挑中她？怕是有点什么猫腻哦”“要我说啊，结婚还得门当户对，她嫁过去，肯定得受婆婆的气”“我看那男的不靠谱，她这种性格可拿捏不住”……

同事脾气好，也不计较，最过分的时候，隔壁办公室的老师甚至当面奚落她：“他那么有钱，长得又高，怎么这么大年纪还没结婚？这也太不正常了，该不会有什么毛病吧？”

“有没有毛病不清楚，”领导没忍住，硬邦邦地回了一句，“有人酸了倒是很明显。”

我们哑然失笑。可不是？多简单的事，不过是看到同龄人嫁得好，心里嫉妒罢了，何必弯弯绕绕地含沙射影，既丢了姿态，也依然被人家看穿，还不如直接把那份嫉妒说出口。

办公室好几个未婚女性，一听到这个消息，都直呼“太羡慕你了”“我怎么没有这样的好运气”“这样的相亲什么时候能轮到我”。话说得俏皮可爱，其实也是嫉妒，毕竟这样好的结婚对象，谁不心动呢？心动到恨不能取而代之，但大方地把话说出来，远胜于阴阳怪气。

前者让你痛快抒发了内心情绪，表达了自己类似的诉求，还能博得旁人的安慰和帮助；后者只是在自我折磨，一面要假装不在意，一面要提防暴露内心真实想法，另一面还要挤出微笑祝福，累不累？

我们一路向前，会不停地遇到优秀者，或是能力出色，或是背景惊人，或是运气爆棚，总之，他们身上会有某点让我们垂涎，甚至自叹不如。我们为之低落，然后抱怨，也可能日渐疏远，等意识到自己做出这些行径时，还会羞愧和自鄙。

这个中滋味并不好。嫉妒就像一颗柠檬，它会随机掉落在每个人头上，你不必遮掩，如果冷不防尝到酸涩，咽得下就咽，咽不下就吐出来，没人会笑话。咬牙切齿地吞下去，既酸了自己，又瞒不过别人。

其实，除了酸涩，你也可以从柠檬里得到维C，就像你能从嫉妒里获得动力。

我曾经采访过一位网文作家，她被粉丝们奉为大神，但凡新书面世，卖得都不错，业内戏称她为言情小天后。

她从小到大读理工科，毕业后做了程序员，任谁都不会想到，她有一天会凭借写文一炮而红。

在被问到为什么会开始写小说时，她笑了笑，既有点赧然，又很坦诚："我们班上有个同学写小说，每月挣得不少，有一阵子，她的小说还被拍成网剧了，大家都说她一夜暴富了。我当时就酸了，这也太让人羡慕了吧，我每天要死要活地加班，还不如她写本小说。"

化身柠檬精的她，越想越觉得心动：为什么她就能轻轻松松地财富自由，我差在哪里？不，我不差，我也要试试。

她主动找到那个同学，表示自己很羡慕写作职业，想要尝试一下。对方给她介绍了靠谱的网站和编辑，她二话不说就开始了。在繁忙的工作之余，每天挤出时间来更新五六千字，这不是什么轻松活，但只要想到那个光鲜亮丽的女同学，她就有了动力。

她也想成为像对方那样的人，这份好胜心就像一根胡萝卜，吊在她面前，拉着她一步一步往前走，最终让她如愿以偿。

人生处处充满参照物，对比无法避免，从对比中生出忧与患也是常态。不要被落差感打败，也不要为此自卑，当命运给了你一颗柠檬，你要直面它，说出你的酸苦，表达你的诉求，下一次它也许就分配你甜果子了。

我只想把喜怒悲欢
都用在值得的人身上

*

*

为什么要跟我讲大道理?

在你心里，我是连这些都不懂的人?

不用理会这些人，因为他们根本不爱你，

你何必浪费感情在他们身上?

远离那些在你崩溃时讲大道理的人吧。

我只想把喜怒悲欢都用在值得的人身上。

因为自己闺蜜的男友劈腿，表妹也闹起了分手。

“人家闹矛盾，你怎么和对象吵起来了？”我非常不理解，她看起来非常伤心，眼睛哭得又红又肿，态度坚决，看起来不像闹着玩。

很快，我弄清了事情的始末：表妹有个闺蜜，和男朋友爱情长跑多年，这期间付出的财力和心血难以计数，好不容易熬到对方事业有成，两人的感情却不太稳定，分分合合好几次。最近，他们大吵一架，又赌气说了分手，女方还巴巴地等着求和，男方竟然转身交了新女友。

“那女的我们都认识，也算朋友吧，不是不知道他们的情况，这多少有点乘虚而入了吧。”表妹愤愤地说，“我气不过，跟男朋友吐槽这事，骂那男的不要脸，骂那个朋友不仗义，知三当三，结果你知道他说什么吗？”对方在她抱怨的时候，一本正经地教育她：你不应该评论别人的感情，客观来说，他们已经分手了，男方再找女朋友也没错，那个女生也不算小三。

“我要听的是这些吗？我的好朋友遇到这种事，我不能站在她的立场抱怨几句？”表妹说着说着，又委屈地哭了，“最可气的不是这些话，而是他的态度！我找他抱怨，是因为他是我男朋友啊！我把他当自己人，他呢，在那里给我上课，好像我三观有问题，好像我多么不懂事，犯了多么严重的错误一样。”

说到最后，她情绪肉眼可见地低迷了：“我有那么糟糕吗？”

当然不，但这样的场景却常常在我们生活里上演：有时，我们工作受挫、感情重创、心情低迷，总之，在任何不如意的时刻，都会潜意识地去向身边人寻求安慰。

我们以吐槽、抱怨、倾诉和哭泣等方式，用近乎不讲理的言辞，痛痛快快地宣泄出来。往往这个时候，对方的反应直接影响这场宣泄的结果。他若是认真倾听，然后附上认同和安慰，那我们的坏心情就此治愈；如果他选择沉默地倾听，不置可否，那我们也足够满足，心中郁闷消散了大半；但如果他试图站在客观公正的立场上，义正词严地纠正我们、教育我们，那无异于火上浇油，只会让我们的负面情绪越烧越旺。

为什么要跟我讲大道理？在你心里，我是连这些都不懂的人？

这种不合时宜的教育，仿佛是对我们的一种质疑，也是一种控诉，让原本就处在糟糕境地里的我们开始自我怀疑：我做错了？我竟然是这样是非不分的人？

嘘，别听这些大道理，也别为此陷入坏情绪，真正爱你的人，根本不会在你倾诉需求的时候，回馈你冷冰冰的大道理。

知乎上有一个热门话题：如果要评选出一份“最令人讨厌的沟通方式”榜单，你会怎么选？

最后结果显示，“讲道理”名列前茅。

在生活中，总有这么一些人，总爱以教导者自居，无论你遭遇什么难题，他们不关心你的感受，也不耐烦听你的诉求，却能搬出一大堆大道理，逼得你把委屈和想说的话都咽回去。

不用理会这些人，因为他们根本不爱你，你何必浪费感情在他们身上？

我有一次和朋友们聚餐，席间聊到工作，我顺口抱怨了下自己的领导，因为她连着几天在深夜十二点以后给我发工作信息，这让我不胜其烦。

有位男性友人当即出声："哎呀，做人格局不能太小，大家都是打工人，该忍就得忍。你要往好处想想，领导这是器重你呢。"

在连续被迫加班的我看来，这话对不对呢？也对，也不对。

对，是因为我知道自己除非离职，否则只能忍气吞声；不对，是因为我此刻在饭桌上讲这件事，并不是我不懂这个道理，而是为了获得朋友的安慰。

我这位朋友和我只是泛泛之交，所以他可以讲一些正确却没有人情味的大道理，公正而冷漠，因为他根本不关心我被迫加班的难受。这样的人，这样的话，我当然不会放在心上，因为只会给自己徒增烦恼。

相比之下，我另一位好友马上接过话："这也太过分了！这种领导真是太没人性了！亲爱的你应该截图保存证据，哪天想离职了，咱去举报她。"

你看，人不是一台冷冰冰的机器，面对在乎的人、关心的事，不可能没有共鸣，也不可能保持冷静客观。有些人一遍遍重复着各种大道理，看起来是为你好，实际上是否决了你表达自己情感的需求，也忽略了你的苦痛。

没有哪种爱是干巴巴地讲道理，哪怕他不懂你的职业，不明白你的愤怒点，更搞不清楚解决办法，但他只要在乎你，他就会急你之所急，恨你之所恨，跟着你痛骂。

那些随时都能保持冷静和理智的人，都是因为无法和你共情，既然如此，我们也不必多给眼神。他们觉得自己说的道理是解决一切问题的关键，但事实上，我们不笨，学识也不低，他知道的道理我们未必不懂，我们真的是想寻求意见吗？

其实，我们只是希望自己的情绪能被最信任的他们看见，希望得到他们的认可、支持和鼓励。可那些道理，却把我们狠狠推开，看似理智，实则只表达着一个意思：我一点都不关心你的情绪，我也不关心你想要什么，我只想说我想说的话。

我曾经在网上看到一则心酸的微博，女网友说，她是在哪一刻意识到丈夫不爱自己的呢？是有一天暴雨，出行不方便，公司发通知集体休假，她兴致勃勃地跟丈夫说："多亏这场暴雨，我也能带薪休假了。"丈夫板着脸说："你怎么能这么想？你知道这场暴雨带来多少问题吗？"

他从环卫工人的辛苦说到城市经济受影响，但丝毫没有想到他的妻子之所以这么开心，是因为平时夹在工作和家庭中间太累了。她真的是一个道德低下的小人吗？当然不是，是他下意识地避开了妻子的立场，所以感受不到她的窃喜。

远离那些在你崩溃时讲大道理的人吧，也千万不要用他们口中的道理来束缚或检讨自己，想哭时就哭，想骂时就骂，谁没有情绪需要宣泄呢？

真正亲密的关系，才没有那么多道理可讲呢，也没有人会用教条来苛责你：

我知道正确的社交礼仪是不该在深夜打扰，可是我孤独的时候，就想跟朋友说说话，给她打个电话不行吗？

我知道花钱要量入为出，不能大手大脚，可是我想看到爸妈收礼物时开心的样子，刷一下信用卡不行吗？

我知道女性要独立自主，不要总想着依赖别人，可是我就想跟男友撒撒娇，让他帮忙换灯泡、修家电不行吗？

道理我都懂啊，所以，别再对我指手画脚了，我不需要谁在我的生活里指指点点，我也不想听无关紧要的人发表意见，因为那些意见不重要。

我只想把喜怒悲欢都用在值得的人身上。

PART
FIVE

5

接受自己的不完美，就是真正的完美

*

谁都不完美，生而为人，多多少少抱憾，

不要把它当成伤口和耻辱。

你就像因过于芬芳而被天神咬过一口的苹果。

我们实在不用事事都求尽善尽美，

因为我们注定无法如意，那又何必给自己增设烦恼？

“男人为什么明明看起来那么普通，却可以那么自信？”杨笠的一句调侃，让大众都认识了“普信男”。他们对自己的外貌、能力，甚至身高都有着盲目自信：头像是我，不满意？

网络上嘲讽声一片，男人的自信到底是哪里买的，多少钱一斤？

我不想嘲讽，我只有羡慕，如果真的能够买到那种自信，我很想给所有姑娘们下单。

因为女孩子太容易被自卑捆绑了，她们无法接受自己的不完美：为什么满分100，我只考到99？为什么没有天鹅颈？为什么我做不到年薪百万？

这些看似无关痛痒的小瑕疵，却像一根根扎在女孩心里的刺，最终让她们鲜血淋漓。

世上并没有绝对的完美，理想与现实必然存在落差，而我们往往习惯把这种落差的原因归咎于自己，以为是自己不够努力，还要继续做得更好。于是，在很多明明值得喜悦的时刻，我们反而忙着沮丧、自责和失落，甚至回避快乐。

“这不值得高兴”“我应该做到更好”“现在快乐是可耻的”……这些念头沉甸甸压下来，让我们看不到生活中的各种小确幸，也错失了很多快乐。

作家张德芬曾经说过：“人生归根结底是一场修行，你我都是在路上的人。不完美，有缺陷，需成长。”

的确，谁都不完美，生而为人，多多少少抱憾，不要把它当成伤口和耻辱。你就像因过于芬芳而被天神咬过一口的苹果。我们实在不用事事都求尽善尽美，因为我们注定无法如意，那又何必给自己增设烦恼？我们也不用把不如意归咎给自己，误以为自己不够好。

姑娘们，脸皮厚一点吧，“普信男”应该是我们的学习榜样，接受自己的不完美，就是真正的完美。

爱上不完美的自己

*

*

幻想光明是没有用的，

唯一的出路是认识阴影，然后一步步走出阴影。

试着去爱全部的自己吧，

不必急着否定缺陷，

那不是一成不变的疤，它可以痊愈，

也可以是毫无意义的印记。

你很好，依然值得被爱，值得世上所有的美好。

我在网上看到一个很有意思的帖子，发帖人是个小姑娘。她恋爱了，男友非常出色，是即将毕业的学长，家境富裕，帅气温柔，简直就是青春小说里走出来的校草，现在已经找到了很不错的工作。

小情侣相处得甜甜蜜蜜，她在幸福之余，又深感惶惑，忍不住向路人发问求证：“他怎么会看上我啊？”

她罗列了自己的条件：父母只是小职员，自己身高、体重和相貌都没有过人之处，也不是什么学霸，更没有什么拿得出手的特长，真要说优点，也就性格比较好，乐观开朗。就这样一个女孩，实在是普通得不能再普通，她说“扔进人群里就找不到了”，竟然会被大帅哥喜欢？

为了避免被骂有“凡尔赛”的嫌疑，小姑娘很诚实地说，自己怀疑过男友骗婚；怀疑他是“海王”，玩弄感情；也怀疑过他和朋友打赌，这段关系只是恶作剧……但这些怀疑最终都被一一击破，对方是真心实意爱着她，这让她更加惊疑了。

这个帖子把网友逗乐了，有人嫉妒，有人调侃，有人怀疑，有人凑趣，面对各种留言，小姑娘都耐心地给了回复。

终于，有人正儿八经解答了她的困惑：你觉得自己很普通，但你能和他考进一个学校读书，至少说明你很聪明，学习也勤奋，这不是优点吗？还有，你说自己也就性格好，这不够吗？他也许就爱你的开朗呢？留言里有很多不好的评论，我看你没有生气，还一个个解释，也不是每个人都能做到的。小姑娘，你不能只盯着自己的缺点，谁没有缺点呢？

这条回复很快被顶成了高赞。

在这个小姑娘身上，我们仿佛能看到自己的影子：盯着身上的缺陷，无法接纳，无法和解，即便遇到再好的人和再好的机遇，我们也如在梦中，时时缺少安全感。

他怎么会爱我呢？这种好事怎么会落到我身上呢？我配吗？

为什么不配？人无完人，谁身上都有不好的地方，就像被太阳照耀的向日葵的另一面。无论是在爱情、事业里，还是在家庭、生活中，我们都是立体的，有无数个面，没有人能确保每个面都光鲜体面，正是那些好的、不好的，才成就了形形色色的独特个体。

我们要爱自己的闪光点，也要正视自己的缺点。

我记得很早以前看过一部小说，忘了名字，女配角是样样出色的白富美，和女主也情同姐妹，只因为女主偶然一次大放光彩，在男主面前出尽风头，她内心免不了嫉妒。但她向来自认良善，无法接受自己竟然有如此阴暗的心思，看到女主和男主越走越近，一边愤恨，一边又为这种愤恨而愧疚，最后生生把自己折磨到抑郁。

其实，嫉妒不是人之常情吗？何必因为这种负面情绪而自我厌恶？处在阴沟，望见高楼锦绣，怎么可能无动于衷？当我们遇到比自己更优秀的人，见识到比周遭更迷人的风景，生出攀比和嫉妒，是再自然不过的事情。

只要将这种嫉妒控制在合理的范围，它反而会成为你继续前进的动力。因为，有了不完美，我们才会追求完美。

我认识一个非常励志的女孩，她父母都是聋哑人，在她出生后，母亲就常年卧床，家里只能靠父亲打零工来挣些微薄的收入。她由外婆带大，据她说，她开口讲第一个字的时候，全家人都哭了，因为他们太害怕她也是聋哑人。

好在命运眷顾了她，她不仅能说话，还特别聪明伶俐，从小到大都是班上的模范生。所以，尽管家里一贫如洗，但还是决定倾尽全力供她读书。她考上大学的时候，父亲也病倒了，外婆也年迈得走不动路，她带着三位家长入学，一边读书，一边照顾他们。

很多媒体都去采访她，关心她的生活。那时候，我也是采访者之一，在她简陋的出租房，我们聊到将来，我问了她一个很现实的问题：将来你交友，或者谈恋爱，对方可能会介意你的家庭状况，你想过这些吗？

她当即笑了起来，说："这是没有办法的事，我的家庭，它很糟糕，但它也是我的一部分，我没有办法剥离它。我不能只炫耀自身好的特质，比如聪明，然后去无视糟糕的那些，比如贫穷，这两者都是我。”

那一刻，现场采访的人都被她打动了。

越是无法接纳自己，越是无法控制自己的情绪，会因偏激而走向不可控。相反，当你能够心平气和地看待自己的好与不好，才算真正认识和了解自我，在这个基础上，再去自控和自我完善，才能无限接近你想要的完美。

相比于同学的体面，那个女孩身上有很多不好的地方：贫穷、腼腆、不会打扮，但她从来没有试图遮掩或否认，哪怕在采访镜头前，她也依然穿得很简单，因为那是她当下真实的状况。她当然也希望自己展露在众人面前的形象是好的，能够像同学那样年轻漂亮，但她没有为此伪装或打肿脸充胖子，而是把这当成目标，兼职打工，拿奖学金，脚踏实地地把日子越过越好。

幻想光明是没有用的，唯一的出路是认识阴影，然后一步步走出阴影。

我们都想向人们展示美好的一面，压制自己脆弱而丑陋的一面。但是你越想掩饰和压制，它就越在你不经意的情况下冒出来，让你防不胜防，击溃你小心翼翼维护的形象和自尊。

比如，你因为身高而自卑，总觉得一米六的个头让你在其他女性面前失色，于是你出门必穿高跟鞋，上班、逛街、出门约会，你的鞋柜里全都是高跟鞋，你觉得它们能给你安全感和底气。

但也许你不曾留意过，在你的脚跟被磨破，你假装无事的时候；在男友约你去打球，你宁可站在场边观战，不愿换鞋的时候；或者在你上班一整天，小腿酸痛，却还得笑得云淡风轻，回到家立刻热水泡脚的时候，你掩饰的身高问题其实早就摊开在众人面前，谁都能看出来你对一米六的介意，你做的掩饰、受的委屈都没有意义。

试着去爱全部的自己吧，不必急着否定缺陷，那不是一成不变的疤，它可以痊愈，也可以是毫无意义的印记。只有当你遮掩它、讨厌它、过分在意它的时候，它才能伤害你，才被赋予了羞辱的意味。

所以，不必过分在意你生命的阴影，更不必因此而否定自己，质疑自己，你很好，尽管有不足，依然值得被爱，值得世上所有的美好。其实当你能够承认自己的坏，那种由内而外散发的自信与坦然，不知道有多迷人，哪里还会有人挑剔你的瑕疵？

要知道，有接纳不完美的勇气，才会有接受完美的信心。

善忘是最好的安眠药

*

*

你将浪费掉许多光阴，

连同光阴里本该有的故事。

他确实给了你很多快乐，

但昨天的快乐安慰不了今天的你，

未来那么漫长，你会遇到很多人，

他们会带给你新的快乐。

有一天深夜，大学室友突然打来电话，窘迫而懊恼地问：“亲爱的，你还记不记得，大二那年我男朋友来学校看我？”

她停顿了，似乎很有些难以启齿。我心领神会，毫不客气地大笑起来，在脑海里翻出了那段尴尬的记忆。这位室友和男友在不同城市，隔着距离，又是年轻贪鲜的年纪，彼此都没有安全感，三天两头地试探、吵架，再和好。

那次，她和男友冷战，任凭对方如何道歉，就是不肯接电话。对方无奈，翘了课，连夜坐火车赶到我们学校，在宿舍楼下面堵住了她。她很得意，当着同学好友的面，让对方下跪认错，还写了一张保证书。

“我脑子当时肯定进水了，怎么会做出那种事？”她在电话里哀号，“想到这个，我真的从头到脚都犯尴尬，今晚是别想睡了。”

“都过去那么久了，没关系的，谁年轻时没做过蠢事？”

我极力安慰她，却也很懂她的心情，毕竟我们都有过这样的经历：在某个不经意的瞬间，某些死去的记忆突然复苏，或伤感或尴尬或温暖，一下子如潮水翻涌，让你从当下抽离，陷入旧情绪中无法挣脱。

那些发生过的人和事，它们仿佛都有生命力，隔着时间，依然凄厉地追赶着我们。但是对于每个赶路人来说，每份回忆都是沉甸甸的行囊，负重越多，前路越难走。

只有心宽路才宽，我们其实应该学着健忘。再小的往事，如果放纵它在心头积压，也会变成最后一根稻草，压垮一只骆驼。

想想看，生活中是不是有很多细小而恼人的记忆？

比如和同事吵架，明明对方理亏，但自己没有发挥好，被怼得哑口无言。虽然事情过去了，但你每想到一次，就会生气一次。

比如母亲给外地工作的你打电话，你听着她嘘寒问暖，从一日三餐说到加班熬夜，心里泛起感动。但又忘不了她过去偷改你的志愿，当着弟弟的面说你是外人。

比如你从公司出来，看到有老人在乞讨，你心生恻隐，想要掏点钱献爱心，但又记起上一次捐钱被骗了，那个老头其实是惯犯，而同事们知道后都笑你伪善。

这些大大小小的事，塞满了我们的生活，在发生的时候，已经激起过小小的水花，像水面投的石子，让我们情绪起伏。你以为事过便无痕，但它们顽固地占据着大脑，每当你想起来，彼时的情绪便会复刻，更是变本加厉。

然而，重复这些情绪是没有意义的，甚至会严重干扰我们当下的生活。所以，我们应该尝试着定期清理自己的记忆储存，该删的删，该略的略，做一个擅长遗忘的人。毕竟心脏只有那么大，让它堆满了垃圾，还怎么放进新的快乐和期待？

我向来觉得，善忘是一种豁达的生活智慧，一种洒脱的生活态度。

我在毕业实习的时候认识了卢米，她来自另一所传媒院校，机缘巧合之下，和我们进了同一个电视台。

从学校到电视台，难免要忍受许多落差和委屈，又都是年轻面薄的女孩子，被主持人、后期、记者、灯光师，甚至是不知名的场务使唤得团团转，日子过得耿耿于怀。但卢米和我们不同，她似乎特别没心没肺，前一天晚上还被指导老师骂得狗血淋头，第二天还能嬉皮笑脸地露面，仿佛所有的不快在夜晚都被蒸发了。

有一次，我们跟着老师出外勤，到偏僻的山区，采访留守老人和儿童。那趟行程并不轻松，足足耗了三四天，大家既累又紧张，绷紧了弦，唯恐出岔子。好不容易回到台里，我们被催着整素材、做后期，这时候却传出了惊天噩耗：我们有段非常重要的采访视频，竟然忘了收音！大概是当时忙中出错，忘了检查受访人的收音话筒，整段视频约等于作废。

大家已经想不起来当时负责检查设备的人是谁，但无非是我们这几个实习生，因为这些杂活向来是我们干的。没有确切的罪魁祸首，那每个人都是罪魁祸首，指导老师气得暴跳如雷，当即就把所有实习生召集起来，劈头盖脸地骂了一顿，闹得部门领导也知道了，赶紧给我们临时加塞了一场实习培训。

这事过去没多久，台里又出外勤，这次没有实习生愿意跟，除了卢米。她主动跟指导老师申请，摩拳擦掌，好像压根没有把上次的事故放心上。大家都追着她问："你为什么去啊？要是再出点什么错，说不定你连实习证明都拿不到。”

“你们还真是一朝被蛇咬，十年怕井绳啊。”卢米倒反过来劝我们：“那事过了就过了，老想它干吗？是，是很丢脸，再想也没有用啊，犯的错又没法改，还不如想想把下一次外勤做好。”

那些忘不了的，有些是错误，不，对你来说更像耻辱，所以让你放不下。但过去的错误无法改变，我们唯有尽力弥补，避免新的错误产生，如果你一直纠结于过去，往往会连今天也失去。就像挂在墙上的日历，每过完一天，得撕去一页，如果某一页在你心里停滞，迟迟不肯翻过去，周遭流动的时间便毫无意义。

你将浪费掉许多光阴，连同光阴里本该有的故事。

比如那时候的我们，纠结于“丢脸”的失误，反复在心里回放，万万不想再有第二次“丢脸”，于是压根没有出第二次外勤、第三次外勤，老老实实在台里窝到了实习结束，虽然顺利拿到实习证明，避免了错误，也避免了修改错误的机会。

还有一些忘不了的是好东西，快乐的日子，爱过的人，沐浴过的星光，不管何种，俱往矣。但正因为美好，所以让人怀念，试图伸手挽留。

我有位朋友，花了很长时间也无法走出失恋。她和男友交往了两三年，对方不管是性格、外貌，还是家世、职业，都很让她满意。恋爱期间，男友简直表现得完美，会主动在节假日送惊喜，会上交手机让她翻看，会指点她工作上的难题。她觉得自己找到了此生的灵魂伴侣，唯一的问题是，这位灵魂伴侣是不婚主义者，他压根没有和她结婚的打算。

为这，两人闹了不愉快，她忍痛提了分手，又在家人的安排下，开始接触适婚对象。那些都是很好的人，但她却痛苦万分，抱着我们哭诉："他挺好的，但我真的忘不了以前的事。我们出去吃饭，他问我爱吃什么，很绅士吧？但前任都是直接点好我爱吃的东西。我过生日，他给我发了大红包，看起来挺上心，但前任会去看我的购物车，准备惊喜。"

我们只好劝她：那个人再好，注定和你没有关系了。

他确实给了你很多快乐，但昨天的快乐安慰不了今天的你，未来那么漫长，你会遇到很多人，他们会带给你新的快乐。

既然过去的不可再来，就该大步往前走，画地为牢，只能困住自己，将自己变成与现实格格不入的真空人，错失许多风景和故事。

好也罢，坏也罢，当你身体在床上，迟迟无法入眠，它们会拉扯着你的每一根神经，让你独自或喜或悲。你品味着那些陈年旧事，被压得喘不过气，却还甘之如饴。

何必呢，不要记得那么清楚，失去的无法挽回，错误的已经过去，珍贵的早已放手，它们都应该被封存成老相片。谁会天天翻看相册？还得顾着眼下，乐呵呵地过好今天。

你要有勇气重启

*

*

重新开始并不容易，也无法保证比从前更好，

但它是一份向死而生的信念，

是一种及时止损的生活态度，是一个留给自己改头换面的机会。

都说人生没有回头路，

但我们是有赛道可以替换的，跑错了道，走偏了方向，

一定要及时更改，

否则歧路走到底，只会与幸福和快乐越来越远。

有一个同城的读者，我们经常约着吃饭，来往多了，我便对她的故事很熟稔了。

她大学时交了个男友，来自偏远的小城市，父母不太愿意，她性格倔，毕业时和家里闹翻了，跟随男友回了老家。

“那时候日子是真的苦，只能住群租房，没有窗户，白天都得开灯。厨房和洗手间都是公用的，大家的东西就那么堆着，乱七八糟，有时候早晨想上个厕所，都得排很长的队。”说起那段时光，她眼里隐隐有泪，“我们没什么钱，只能用电饭煲煮面条，每天下班的时候再买把青菜、两个鸡蛋，他总会把他的那个蛋让给我。”

和所有共患难的爱情故事一样，明明他那么穷，她却靠着一个又一个荷包蛋撑下来了，那种微末的暖，仿佛是某种爱情的证明，让她在苦水般的日子里，熬出自欺欺人的甜。

这样的细节有很多，她都小心地收藏在记忆里，一遍遍地翻阅和回味。比如，那时候喜茶刚火起来，她特别想尝尝，但一杯奶茶接近二十块，够她买一个星期的青菜了。他就偷偷背着她买，守在她下班的路上，然后，他们在那个简陋的出租房一起喝完了那杯豆乳波波奶盖茶，她说自己永远记得它的味道。

“后来呢？”

“后来他在那间出租房里，出轨了三次。”

她说起这些的时候，他们已经搬进新家，是她曾经梦寐以求的小两室，他们把省吃俭用攒下来的钱全部用来付首付了。

我问她："为什么不分手？"

"不甘心啊，我在他身上耗了快十年，吃了那么多苦，眼看着日子就要好起来，房子有了，车子也有了，我不想把这些拱手让给别的女人，这些都应该是我的。"

她疲惫，但又执拗，"我对他已经没有感情了，但我不会分手，难道让我找一个新的男人，重新再耗上十年？"

我不知道怎么劝她，但显而易见，我并不赞成她继续和这个男人纠缠。是的，剜去十年的心头肉很难，重新开始很难，然而这些都不及你余生泥足深陷的万分之一难。

我非常明白她的恐慌，年过三十，最好的青春已经付诸流水，她宁可将错就错，也不愿意推翻重来。可是她忘了，把一个错误将就下去，得到的永远只会是错误。

这时候，我们就应该果断地关机重启。

不仅仅是感情，在漫长的一生里，我们的生活、事业和人际交往，都很容易出故障，也容易一不小心走上歧路，像年久失修的机器，又像树大分枝的植物，很多关系会慢慢变质，脱离原本的初衷。

有时候，这种变化是显性的，你早早察觉了，第一时间做出抉择和取舍；有时候，这种变化是悄无声息的，等你后知后觉地发现，已错失最佳时机，只好摇摆不定，左右为难。

道理每个人都懂，个中后果也不是不明白，但不是每个人都有勇气改变。

微博上曾经有条引发热议的新闻：一位年过半百的妈妈，在女儿成家后，果断提出离婚，在众人的不解中，学开车，考驾照，然后独自周游全国。

她的婚姻并非不幸福，但她走完大半辈子才发现，那不是她想要的生活。过去，她像所有已婚女性那样，忙着上班，忙着照顾孩子，忙着打点家务，日子过得平淡，却也不乏温馨，她忙忙碌碌了半辈子，竟也活成了别人眼里的模范夫妻、成功人士。但女儿的出嫁将她从这种生活中抽离出来，她有了大把时间来整理思绪和与自我对话，她慢慢意识到，她从来没有率性地为自己活过。

她其实不喜欢围着锅碗瓢盆打转，她从少女时代起，就向往着日月山河。

如果换作常人，可能叹惜一句，然后也就罢了，毕竟半生已过，而且过得还不错，重新开始没有必要。但她选择了重来，拒绝帮女儿带孩子，也远离灶台，开着车说走就走，活出与以往截然不同的风采，在采访镜头下，她神采奕奕，脸上的笑容灿烂动人。

重新开始并不容易，也无法保证比从前更好，但它是一份向死而生的信念，是一种及时止损的生活态度，是一个留给自己改头换面的机会。

很多人因为犹豫、胆怯或不甘，留守在原地，与旧人旧事做无意义的痴缠，害怕新不如故，也唯恐辛苦成一场空。

殊不知，生活没有正确答案，也没有提示，不是因为看到了前方好风景才做出改变，而是因为做出了改变才使得前方不同于今日。

大胆点吧，爱情也好，事业也好，当你发觉它带来的痛苦大过快乐，就不要再留恋，也不要心存幻想，当断则断，及时寻找第二春。也不必嫌时机太晚，相比漫长余生，当下永远是最好的时机。

我有个朋友，高考填志愿时，被爸妈耳提面命地选了会计，毕业后毫无悬念地就业、升职、加班。就在她爸妈得意于自己的先见之明时，她猝不及防地提了离职，任谁劝她都没用："你都快30了，要换工作也没那么容易""你学的就是这个，不干会计，你还能干什么""现在经济形势不好，你能不能成熟点"。

那些翻来覆去的话，她听了很多，还是一意孤行地想要转行。她私下跟我说："我压根不喜欢跟数字打交道，从小到大，我就更喜欢文科。你们别看我工资挺高的，可我每天都特别特别痛苦，上班就像上坟，早晨醒来，一想到今天要做的事就觉得没劲儿，我真的不想以后每天都这么过。”

在不那么合适的年纪，在不那么好的就业环境里，她还是勇敢地喊停了。现在，她做了新媒体编辑，尽管毫无经验，和科班出身的同行相比也毫无优势，目前只是做些杂活的小员工，但她很开心。

“虽然现在工资少了，看起来生活质量也低了，但我过得很开心啊，每天都充满干劲，在学习新的东西。就算以后证明，我其实干不了这行，也没什么好后悔的，因为我是真的不愿意当会计。”

和她相反的，是我的同事兼好友，她是典型的文科生，读了师范专业，考了教师资格证，顺理成章地进了学校当老师。但她不止一次地抱怨过，她一点儿也不喜欢教书，“讲来讲去都是那些东西，科研压力又大”，她性格活泼外向，长相甜美，一直有个当网红主播的梦。

抱怨归抱怨，她一直没有离职，据她自己说，刚开始是家里逼着她考进学校的，她不敢和父母对着干；后来自己搬出来住了，经济也独立了，又赶上疫情，不敢贸然换工作，觉得还是学校稳定；这两年，直播行业渐渐不景气了，她又开始担心得不偿失，怕丢了铁饭碗，换不来想要的春风得意。

就这样，她从实习生，到助教，再到讲师，已经在学校里耗了七八年。每一年、每一天她都在哑巴吃黄连，顶着外人艳羡的目光，做着不喜欢的事，讲着不喜欢的课。她越来越像祥林嫂，逢人就要大吐苦水，但听的人已经无动于衷了——她已经做出选择了，既然没有断腕的勇气，就要承受优柔寡断的痛苦。

她会一直这么抱怨和痛苦下去，而且时间拖得越久，她越没有勇气离开，这份痛苦也越深。

都说人生没有回头路，但我们是有赛道可以转换的，跑错了道，走偏了方向，一定要及时更改，否则歧路走到底，只会与幸福和快乐越来越远。

绝对意义上的完美是不存在的

*

*

你不能既要红玫瑰，又要白玫瑰。

这种基于得陇望蜀的“试错”，

其实都是在浪费时间。

你看不到自己的既得利益，只贪图得不到的，

那永远无法满足，也永远活得焦虑，

因为没有任何人和事能够面面俱到，满足你所有需求。

我在抖音上看到一个很有意思的小视频。

一个男生遇到了红白两种玫瑰：一个女孩温柔贤淑，不作不闹，不计回报地默默付出，任谁都夸她勤快能干，可惜不太漂亮，眉眼清清秀秀，常年穿着碎花裙，再戴上黑框眼镜，在人群里毫不起眼；另一个女孩热烈明艳，大红唇，波浪卷，美得像燃烧的红玫瑰，连坏脾气都刺得人心痒，只是花钱大手大脚，不工作，也不打理家务。

他思来想去选了前者。果然，女友很适合居家过日子，为他洗衣做饭，帮他照顾父母，督促他存钱买房。他觉得很惬意，每天出门的衣服都会被提前熨好，回到家的饭菜很少重样。但他还是后悔了，在同学聚会中看着其他女孩打扮精致的时候；在她又一次阻止他出门喝酒的时候；在她和菜市场商贩讨价还价的时候。

我难道要和这样一个无趣的人共度终生？他觉得自己选错了。机缘巧合下，他回到过去，有了重新选择的机会，这次他选择了后者。

果然，新女友热情有趣，会带他打卡网红餐厅，安排旅行行程，带他出入各种有趣的派对，还会从头到脚给他买新衣服。当然，她自己也少不了包包和化妆品。他很快活，每一天都过得活色生香。但很快他又后悔了，当她为了房租、水电、信用卡、外卖等任何小事向他要钱时，他开始力不从心，渐渐生出怨怼，她为什么不能懂事点？她为什么不能学着做饭洗衣服？

在现实生活中，我们当然没有重来的机会，但我们或许都有过类似的遗憾：这份工作挺稳定的，工资也高，要是不那么累就好了；新租的房子地段好，家电又新又齐全，可惜房租有点高；相亲对象学历高，家境富裕，性格温柔，只是身高不够，相貌也过于普通……

你看，谁不想占尽好处，万事圆满呢？既要鱼，又要熊掌，什么都要合心意，那日子才叫过得舒畅。但人生没有事事圆满，也不可能事事圆满，连十二节气里都只有小满一说，可见缺憾才是人生常态。

当我们明白这点，就能避免很多无意义的攀比和不必要的焦虑。

有句俗语叫“甘蔗没有两头甜”，讲的也是这个理。嚼甘蔗的人图什么？当然是贪那点甜。但从来没有节节甜的甘蔗，顶端乏味，末端清甜，嚼起来是一个渐入佳境的过程，你为了后者，就得忍受前者。

所以，在爱情上，既然你选择了贤惠，就得接受对应的居家和平淡，何必去跟选择美貌的人比？焉知他们不后悔？在工作上，既然你选择了高薪，就得接受对应的压力和风险，为什么羡慕选择清闲的人？那你羡慕他们的工资吗？

要知道，好事能占一头，已经不容易，如果我们只盯着没有占到的那头，那当真是自寻烦恼。一方面，人不珍惜已拥有的，会错失许多快乐，甚至已拥有的也会插翅而飞；另一方面，得不到的永远在招手，让你蠢蠢欲动，在期待、失望和焦躁之间来回横跳，折磨人于无形。

很多人受挫于这种“既要……又要……”的圆满，自寻烦恼，偏偏还不自知。

我曾经在支教的时候，认识了一个可爱的女孩，她从毕业就开始考编，终于在失败好几次后，成功考上了山区特岗教师。

我问她：“别的大学生都想去一线城市，你怎么跑到山村来了呢？”

她当时笑得很开心，把自己考编的故事讲了又讲，说：“我就想找个安稳的工作。别人都说北漂好，但北漂压力多大啊！我当老师就轻松多了，不用加班，还有寒暑假呢。”

这话也有道理，尽管各人想法不同，但看到她似乎很喜欢现状，我们又觉得还不错，毕竟是她自己的选择。然而，在我支教结束的第二年，这个女孩突然联系上我，希望我能帮她留意合适的工作机会，她已经递了离职报告，决定来北京闯荡。

我非常惊讶，不明白发生了什么事，竟然能让她放弃辛苦得来的教师编制。她很坦诚地说：“这工作什么都好，就是工资太低了，毕业三四年，以前的同学差不多都买房买车了，只有我没存下什么钱，我心里挺不是滋味的。”

我委婉地劝她：“你要想清楚了，出来上班工资确实高些，但肯定没有当老师轻松，还可能随时被炒鱿鱼。”

她大概是被朋友圈的炫富刺激到了，一口咬定不后悔。那会儿，教辅行业势头正猛，我就引荐她去了教育机构。她整日和孩子、家长、教学组打交道，忙得不可开交，薪资却是实打实地翻了好几倍。

一开始，她还挺满意，向我感慨终于可以放开手脚花钱了。但渐渐地，她开始后悔和发牢骚：同行竞争大，每个季度都要考核排名，排名直接和下季度的工资挂钩，她每天焦虑得睡不着觉；家长事多，不管上下班，永远都在微信上轰炸她，只要回复不及时，下一秒就能接到投诉，她感觉自己随时都能气出病来。

“我不行，我不干了，我得换个不那么忙的工作。”她又约我吃饭，把这份工作里里外外吐槽了一遍，然后决定跳槽，“工资低点也无所谓了。”

真的无所谓吗？当然不，她找了一家国企任文秘，朋友圈成天转发着“你的同龄人正在抛弃你”“大城市容不下肉身，小城市容不下灵魂”。她清闲却无聊，看着昔日的同事在北京厮杀，再看看自己每月拿三千块混吃等死，心情很难美妙。

这种基于得陇望蜀的“试错”，其实都是在浪费时间。

你看不到自己的既得利益，只贪图得不到的，那永远无法满足，也永远活得焦虑，因为没有任何人和事能够面面俱到，满足你所有需求。

你选择了清闲，就得接受低收入；你选择了高薪，就得接受加班和忙碌。怎么能整天想着两全？怎么会轻易有两全？

哪怕是生活中最常见的买东西，你选了便宜的商品，那它的品质注定稍稍逊色，但它满足了你省钱的目的呀，你应该享受这个价格带来的快乐，同时接受它质量平平的事实。

如果你选择了昂贵的商品，那它注定要掏空你的钱包，但它经久耐用又体面，你应该享受这个品质带来的快乐，心甘情愿为此买单。

绝对意义上的完美是不存在的，即便有，一件价格低廉、质量上乘的物件，真被你称心如意地买回家了，你敢保证自己没有别的挑剔之处？或许你又会嫌弃它并非名牌。

如此想来，普通人的快乐，大多来自知足常乐，能理解万物皆不完美，也能接受人生总有缺憾。我们爱过的每个人，走过的每条路，一定都有可取之处，也都有不足，要尊重自己的选择，并且接受选择带来的两面。

无论学习、爱情还是生活，都要切记甘蔗没有两头甜，你越想求全责备，结果越是背道而驰。你期待着把所有想要的都抓住，结果可能是什么都抓不住，连已有的，也因为你不曾看在眼里，不曾珍惜，而悄悄从你手中流失。

不要眼馋别人的选择和生活，细细咀嚼自己的日子吧，既有那些不如意，也有许多欢喜。

平生如甘蔗首尾，嚼过无味，便是甜。

要始终相信迷雾之后会有光

*

*

有时候，我们是陷在困境里的人，

被负面情绪包裹着，

低落、无助，但不要绝望，

要始终相信迷雾之后会有光。

有时候，需要我们做那个伸出援手的人，

路过旁人的苦难，你同情，共鸣，

也请不要袖手旁观，

毕竟你的微末之力，是旁人毕生的暖。

睡前无聊，我在小红书看到一篇令人泪目的笔记。

有个女孩分享了自己的困窘生活，在图片里，全家人挤在蜗居里，巴掌大的地方，塞满了床、衣服和杂物。她说："怎么整理都是乱糟糟的。"很多女孩涌过来评论，安慰她，提出给她寄东西，并讲述了自己同样落魄而难堪的童年。

从这篇笔记划过、退出，推送页面是那么琳琅满目："揭秘家装博主的家！ 360 平新法式装修""我在拼多多花 1500 买到了乐高""拥有 1000 瓶香水的博主私藏分享"和"记录一个美国留学生的变美日记"。

我突然就感觉眼眶里有泪。

即便是在以精致、利己、年轻著称的消费平台，依然暴露出许多这样微小而又巨大的缺口：一个个活生生的、贫穷的女孩儿告诉我们，生活远不止臆想中的花团锦簇，其实也有荆棘遍布。我们还在为平凡、普通而苦恼，望着斯人若彩虹，而生出身处阴沟的自卑、焦虑和烦恼。

事实上，我们顺利地长大，自食其力，明辨黑与白，还能磕磕绊绊地爱与被爱，已经算难得，做得很好很好了。

好到我们应该表扬自己，而不是怀疑和自轻，更不该给自己盲目施压。因为生活已经很难了，你我已经拼尽全力了。"生而为人，我很抱歉"，这句轻飘飘的台词让无数人共鸣，就是因为它喊出了生活中大大小小、深深浅浅、里里外外的难。

谁的人生都很难，不会有什么简易模式，也不会开外挂。

我永远记得网上热议过的“卫生巾自由”，很多看起来微不足道的日常，其实是很多女孩遥不可及的奢望。

事情的起因，是有人在卖散装卫生巾的店铺下留言，询问这个东西是否好用。这条留言无意间被一个年轻网友看到，她很震惊地发现，这家店铺的销量竟然不错，这就意味着有很多女性在购买散装卫生巾。然而它们包装随意，是非常不安全的，容易让女性染上炎症。

网友回复了那条留言，建议她不要贪便宜买这种三无产品，还热情地推荐了几个“很平价、性价比不错”的卫生巾品牌。不久以后，那个提问的人回复了：妹妹，我有难处。

这句“我有难处”让人心酸。这是一个成年人在被生活逼到走投无路以后，想要扯块遮羞布，但这块布千疮百孔，任谁都看得出窘迫。当然你很体贴，不会嘲笑她，反而生出许多恻隐之心，你不明白为什么努力生活的人沦落至此，也不确定自己是否将会如此。

就像网友说的，明明自己过得不好，却也看不得那些人间疾苦，因为你很清楚，那都不是个例。谁都有遭难的时候，虎落平阳，龙困浅滩，无人是幸运儿。

当你看清楚这个事实后，或许，你能在那些暗无天日的时光里，少一些灰心和怨怼，多一些释然。因为一旦你发现自己的痛苦不是个例，而是群体的共性，那么很多负面情绪就会消减。

不要害怕这种痛苦，熬过去很难，但撕裂的云层里会有光泻下来，生活的疮痍里也会有温暖伴生。

我最近一次遭遇低谷，想来也有两三月了。那时，手头积压了许多工作，眼看着离限期越来越近，我连着熬了几个通宵，白天还要准备学生的毕业答辩。当真是越忙越乱，有个学生的论文被查出不合格，取消了答辩资格，我只好尝试帮她申请延期毕业，但对方家长坚持认为花钱能摆平，到学校闹得鸡飞狗跳。

不出所料，那天我被领导约谈了，偏偏这时候，爸妈打电话来，又因为一点陈年旧事吵了起来。

下班的时候，已经很晚了，外面飘着雨，我觉得格外疲惫，浑身的力气好像都被那些琐事抽走了，累到不想走动。我坐在路边的椅子上，看着雨幕发呆。这时候，有个女孩突然朝我走过来，她撑着伞，不声不响地在我身边坐下，然后把伞微微挪了一下。

我突然开始哭，也不说话，眼泪像不要钱似的往下砸。那个女孩没有问，也没有打断我，只是默默坐着不动，始终撑着那把伞。

已经过去很久了，但只要我想起那次崩溃，就会想起那个素不相识的撑伞女孩，再心酸的情绪，也有了淡淡的甜。

生活大概就是这样，不定沉浮。既然逆境是避免不了的，那么怨天尤人有何用？就让我们逆风而上，要相信，总会有善意降临在你身边，总会有温暖不期而至，也总会有一只手从前方递过来。

千万不要因眼前的苦而丧失对生活的信心，有时它会欺骗你，也会在很多不经意的时候治愈你。

前阵子，朋友组织了一场文友交流会，地点在南方某个山清水秀的小镇，这让不少作者都来了兴趣，戏谑“学习什么的不重要，就想单纯旅个游”。

有个相熟的博主兴致勃勃买了票，提前赶往小镇，当天晚上，她和我打电话，讲了一件颇为心酸的事。她说，下车后逛了逛，到了饭点，进了镇上唯一的快餐店，是那种十八线小县城最常见的山寨肯德基，卖些牛排西点，又杂着很多特色小吃。

她点了份招牌套餐，百无聊赖地等着上菜，隔壁桌的两个男孩吃得很高兴，时不时发出惊叹，年纪更小的弟弟更是缠着妈妈问：“我们下次还能来这里吃吗？”她悄悄望过去，桌子上只有一份套餐，牛排、蛋糕、薯条和甜点都被推到两个男孩面前，妈妈几乎没有动筷，却笑得满足又温柔：“可以啊，你们谁下次期末考试再拿第一名，妈妈还带你们来。”

两个男孩欢呼起来。这时候，服务员给她上餐了，弟弟也跟着跑过来，举着手里的炸鸡块，开心地给她推荐：“姐姐，这个特别好吃哦。”

其实并不怎么好吃，牛排硬邦邦的，甜点都是冻过的半成品。她尝了尝，原本打算直接走人，但看到小男孩笑眯眯的脸，心里说不上是什么滋味，硬着头皮把那块牛排吃完了。然后她招呼服务员，把还没有上的炸鸡、可乐和小零食都送到了隔壁桌，“我点多了，又不想浪费，正好你喜欢吃，要不你帮帮我？”

两个孩子都惊喜地瞪大了眼睛，妈妈则忙不迭向她道谢。她摸了摸小男孩的头，去前台买单的时候，又额外给他们点了些东西。

这家对她来说简陋得不能再简陋的店，却是一个家庭在特殊日子才会享受的奢侈，是一个母亲在孩子面前努力支撑的体面，她自嘲：“我不是什么善良无私的人，却也想做点举手之劳，给他们一点温暖。”

我想，那个普通的下午，因为她不起眼的小举动，肯定在那一家人的记忆里变得温暖而美好。

这就是生活回馈给我们的善意，在偶尔才能吃炸鸡的困境里，也会有路过的陌生人，带来善意和帮助。哪怕微不足道，却也能让人看到希望，支撑我们走过眼下的坎。

都说众生皆苦，大概吃过苦的人，都曾渴望过甜，所以在自己力所能及的时候，也不吝喂与他人一口糖。

有时候，我们是陷在困境的人，被负面情绪包裹着，低落、无助，但不要绝望，要始终相信迷雾之后会有光；有时候，需要我们做那个伸出援手的人，路过旁人的苦难，你同情，共鸣，也请不要袖手旁观，毕竟你的微末之力，是旁人毕生的暖。

让自己舒服才是高情商

*

*

任何需要费心费力打点的关系，

都只是利来则聚、利尽则散。

为什么一定要照顾别人的情面？

冷场又能怎么样？当面拒绝有何不可？

面子值多少钱？我们自己的开心不重要吗？

既然取悦别人太难，那就取悦自己吧。

上班的时候，闺蜜发来一条没头没脑的微信：“我真是一个失败的人。”

她说，每次吃完午饭，办公室就有同事张罗着点奶茶，让大家挨个报口味。这是公司的传统了，轮流请客，倒也不存在谁占谁便宜，主要是图个热闹。但她最近在瘦身，根本不想喝奶茶，每次被问到喝什么，她都很为难。

我立刻心领神会，这种“奶茶绑架”简直是职场人的心病：你说不喝了，人家会说“别啊，我请你”，显得你不愿意付钱似的；你说减肥呢，人家就说“也不差这一杯”，还说“你这么瘦还减？太卷了”，好像你格格不入；你说生理期不方便，人家就说“点杯热的不就行了”。

闺蜜深受其害，今天实在没忍不住，在大家点单的时候公然拒绝：“我真的不喝，你们自己点自己的，不用管我。”

同事们自然各种劝，她都不为所动。对方甚至自作主张给她买了一杯奶茶，为了表明自己绝不再喝奶茶的决心，她死活都没有碰，等到下班，那杯奶茶被同事铁青着脸扔进了垃圾桶。

“我猜她们肯定在背后说我矫情、不合群、情商感人。”她叹气道，“不知道别人遇到这样的事怎么处理，反正我是觉得自己蠢，把办公室气氛整得挺尴尬。”

我笑了笑，反问她：“但是你如愿以偿了，不用被逼着喝奶茶，爽不爽？”

“爽！”她答得神清气爽。

“爽就对了，当然要自己舒服，管别人的想法干什么？要别人称心如意，你就得受委屈。”

不知道从什么时候开始，我们对自己的不满又多了一项：迟钝，没眼色，把人际关系处得破洞百出，它纵横交织如蛛网，而我们莽撞又赤诚，穿梭其中，一次次不得要领。

再看看旁人，游刃有余地掌控各种交际场，大到人情世故的打点，小到每句话、每声称呼，他们应付得得心应手，赢来每个人的喜欢。

谁不羡慕这样的自如？这份自如的背后，也意味着许多便利，毕竟人都会对讨喜的人大行方便。并非人人都有这等本事，在大众默认和接纳了这种行事风格后，那些不擅长交际的人简直要羞惭到闭门思过：我怎么这么笨？我是天生情商低吗？

情商成了热门词，也成了检验我们是否优秀的标准之一，渗透进生活的每个角落：身为男朋友，你需要捕捉“我不生气”表达的真实情绪；身为下属，你需要解读“看着办”暗藏的潜台词；身为晚辈，你需要化解“我是为你好”带来的冷场和尴尬……

我们被各种社交包围，仿佛置身看不见的棋盘中，走错一步，牵动全局。所有人都来告诉你，你的言行，决定着每段关系的走向，甚至是成败。我们惶惑，继而亦步亦趋地学，学着剖一颗七窍玲珑心；学着低下身，捧旁人为掌上珍；也学着抹去脸上的喜怒，眉眼都换作春风和煦。

这就像一场旷日持久的粉墨台上戏，戏中人，彼此不真，只妄图从虚与委蛇中博两分惠利。但不是谁都擅长演戏，既累，又假，虚虚实实里反倒折腾了自己。

我见过所谓情商最高的人是 Emma。那会儿我刚入职场，她也是新人，但她处事非常成熟，一来二去，部门的老员工对她印象都不错，提到她的名字，会不约而同地“哦”一声，然后称赞她会来事儿。

Emma 是个机灵人，每到下班，我们个个都迫不及待地收拾东西，只有她岿然不动，在工位上磨磨蹭蹭，哪怕摸鱼也要多待上半小时。她说:“咱们新人不用加班，也要制造加班，主要是为了表态，让老板知道我们能吃苦，也能让老员工心理平衡，毕竟他们要累死累活地加班呀。”

Emma 也很会交际，中午大家都会点餐，她每次下楼去取外卖，总是多等上一阵子，尽可能地把同事的外卖都捎带上来。次数多了，她连大家的口味都记住了，每每聚餐，她总能兼顾所有人的喜好，把菜点得合乎心意。有时候大家忙，她自己点餐的时候，还会顺带着帮大家点，有人记得转账，有人忘了，她也从来不催，下次继续点。

可以说，公司没有人不喜欢 Emma，她的八面玲珑让我望尘莫及，在她面前，我觉得自己就像一颗硬邦邦的浑身是刺的榴梿，一无是处。

有次，我和 Emma 陪客户吃饭，席上还有领导，饭吃到中途，领导发话说："是不是还有菜没有上？你们再去催催。"我埋头吃饭，随口应道："我刚刚催过了，他们说店里忙，会稍微慢一点。"

领导干咳了起来，Emma 立刻把我拉出了包厢："我们再去催一下。"我很纳闷，就算要再催一下，也没必要出动两个人呀。Emma 恨铁不成钢地解释："你没看到领导跟客户有话要说吗？这只是借口，他就想支开我们而已。"

我恍然大悟，这时候，她又往前台走，说："我顺便去把账结了。"

我对 Emma 简直叹为观止，更深觉自己笨拙，同期的新人几乎都饱受"你们就不能学学 Emma"的摧残。我离职时，和 Emma 吃散伙饭，幽怨地控诉了一番，她很诧异，叹气道："什么高情商，不就是夹着尾巴做人，委屈自己！那些同事真能记住我的好？都是面子上的事，别看大家都对我笑嘻嘻的，我还能指望这个升职？只要有利益竞争，他们立刻能翻脸，你信不信？"

不得不说，她这话有点出乎我意料，但仔细想想，似乎又在情理之中。

说什么人脉，又谈什么圈子，任何需要费心费力打点的关系，都只是利来则聚、利尽则散，不必走心，更不必伤筋动骨地折腾自己。

如果让自己不快乐，就算得到了好人缘又如何？

给老板留下了勤奋的印象，但代价是牺牲了自己的下班时间，钉在工位上，毫无乐趣可言；给同事留下了大方又热心的印象，但代价是一次次倒贴钱，把自己辛苦挣来的工资，以毫无意义的方式，花给毫无意义的人……而这所有的努力，最后换来轻飘飘的“情商高”。是的，在一定程度上，这个头衔能兑换便利，也赢得夸赞，但所有好处加起来抵不过我们为此付出的委屈和隐忍。

既然如此，我们何不“耿直”些？不会看眼色，那就率性而为；不懂潜台词，那就凭心而动；不想绕弯子，那就想说什么说什么。至少我们舒服了。

为什么一定要照顾别人的情面？冷场又能怎么样？当面拒绝有何不可？面子值多少钱？我们自己的开心不重要吗？

都说现在的“00后”很会整顿职场，遇到不喜欢的人，直接无视；遇到不合理的诉求，更是直接怼过去，完全不考虑对方的情面，也丝毫没有搞砸气氛的歉疚。因而很多人嗔怪，现在的小年轻们真是情商低、不会做人。

不，事实上，这正是他们的聪明之处，是爱自己的生活智慧，是不用别人的长处为难自己。确实有人天生擅长交际，甚至喜欢交际，但也得允许有人在交际上存在短板——既然取悦别人太难，那就取悦自己吧。

不用再想方设法让别人舒服了，那不算高情商，那是受委屈。

图书在版编目（CIP）数据

你不必非要活成玫瑰 / 张其姝著 . -- 北京：新世界出版社，2023.7

ISBN 978-7-5104-7556-6

Ⅰ . ①你… Ⅱ . ①张… Ⅲ . ①人生哲学—通俗读物 Ⅳ . ① B821-49

中国版本图书馆 CIP 数据核字（2022）第 190820 号

你不必非要活成玫瑰

作　　者：张其姝
责任编辑：丁　鼎
责任校对：宣　慧　张杰楠
责任印制：王宝根
出　　版：新世界出版社
网　　址：http://www.nwp.com.cn
社　　址：北京西城区百万庄大街 24 号（100037）
发 行 部：（010）6899 5968（电话）　（010）6899 0635（电话）
总 编 室：（010）6899 5424（电话）　（010）6832 6679（传真）
版 权 部：+8610 6899 6306（电话）　nwpcd@sina.com（电邮）
印　　刷：吉林省吉广国际广告股份有限公司
经　　销：新华书店
开　　本：880mm × 1230mm　1/32　尺寸：145mm × 210mm
字　　数：180 千字　印张：8
版　　次：2023 年 7 月第 1 版　2023 年 7 月第 1 次印刷
书　　号：ISBN 978-7-5104-7556-6
定　　价：52.80 元